Die Jagd in Europa und Nordamerika

Originalausgabe © Losange: 1999
Illustrationen: Stéphanie Henry, Véronique Janvier, Chantal Mialon
Originaltitel: Mini-guide de la Chasse

© 2000 für die deutsche überarbeitete Ausgabe:
Könemann Verlagsgesellschaft mbH
Bonner Str. 126, D-50968 Köln

Übersetzung aus dem Französischen: Antje Bommel, Monika Cyrol, Bernd Weiß
Redaktion und Satz: Astrid Roth, Nicolo Viegener, Köln

Projektkoordination: Dorit Esser
Herstellung: Ursula Schümer

Reprohaus: Typografik, Köln
Druck und Bindung: Star Standard (Pte.) Ltd.
Printed in Singapore
ISBN 3-8290-4347-3

10 9 8 7 6 5 4 3 2 1

Die Jagd in Europa und Nordamerika

Georges Cortay
Pascal Durantel
Eric Joly
François Pasquet
Claude Rossignol

KÖNEMANN

INHALT

Einleitung

Ein mächtiger Rothirsch: Großwild kommt in ganz Europa heute wieder sehr häufig vor.

Die Jagd ist so alt wie die Menschheit. Zunächst ging es dabei jedoch nur um das Töten eines Tieres – nicht selten unter Gefahr für das eigene Leben –, um Nahrung für die Sippe herbeizuschaffen. Als Waffen standen Keulen, Steinbeile oder über dem Feuer gehärtete Spieße zur Verfügung – Instrumente, die im Kampf gegen Bären, Auerochsen und Säbelzahntiger alle recht wirkungslos waren. Die jagenden Volksstämme waren gezwungen umherzuziehen, sobald das Wild seltener oder unerreichbar wurde, um unter diesen Bedingungen überleben zu können. So folgten sie zum Beispiel dem Zug der Rentiere, um neue Jagdgebiete zu erschließen. Später wurde die Jagd zunehmend bedeutungsloser für das Überleben der Clans: Die Menschen wurden nach und nach seßhaft und betrieben Ackerbau und Viehzucht. Die Jagd stellte zwar noch keine reine Freizeitbeschäftigung dar, diente nun aber auch dazu, sich zu beweisen und anderen Stärke und Furchtlosigkeit zu demonstrieren: Wenn man sich nicht gegenseitig befehdete, ging man auf Bären-, auf Wolfs- oder auf Bisonjagd, und je mehr Trophäen man heimbrachte, desto größer war die allgemeine Anerkennung und die Stellung innerhalb der Gemeinschaft. Schließlich war ein großer Jäger zwangsläufig auch ein gefährlicher Krieger und

Die Pirsch ist nicht nur unter Gamsjägern beliebt, sondern zunehmend auch bei der Jagd auf Hirsch, Reh, Mufflon oder Wildschwein üblich.

Einleitung

Dieser Jagdhund bewindet einheimisches Wild: einen Schneehasen.

somit ein potentieller Stammesführer. Der wahre Wert eines Mannes wurde damals vor allem an der Anzahl der wilden Tiere gemessen, die er erlegt hatte, und nicht an den philosophischen Reden, die er halten konnte, oder gar an seinem Reichtum.

Mit Beginn des Mittelalters erfuhr die Jagd eine grundlegende Wandlung: Sie wurde nun zur reinen Freizeitbeschäftigung des Adels, der darin mehr ein gesellschaftliches Ereignis als ein sportliches Geschehen sah. Die Jagdwaffen wurden weiterentwickelt, ein Tier wurde nun nicht mehr mit bloßen Händen oder mit dem Spieß angegangen, sondern mit Pfeil und Bogen oder mit der Armbrust. In dieser Zeit entstanden Parforcejagd und Beizjagd, die beide mit der gleichen Leidenschaft von den vornehmen Herren wie auch Damen betrieben wurden. Diese dunkle Epoche der Feudaljagd blieb natürlich nicht ohne weitreichende Konsequenzen für Flora und Fauna: Damit der Adel in jener Zeit seiner Leidenschaft ausgiebig frönen konnte, brauchte man genügend Wild, mußte es also schützen und mußte ebenso dessen Lebensraum weitestgehend erhalten: den Wald.

Wenn wir heute in ganz Europa so viel herrlichen Hochwald finden, dann ist das auch ein wenig der Politik des Adels während des Mittelalters zu verdanken. Um Jagdgebiete intakt zu erhalten, sorgte er auch in den Zeiten großflächiger Waldzerstörung dafür, daß einige Gebiete von Übernutzungen und Kahlhieben verschont blieben.

Heute geht die Bedeutung der Jagd weit über die einer reinen Freizeitbeschäftigung hinaus. Es geht um die Hege der Tierpopulationen und um die Raumordnung. Der moderne Jäger ist immer um den Schutz des Wildes und der Ökosysteme, zu denen es gehört, bemüht. Trotzdem bleibt die Jagd aber auch weiterhin ein Vergnügen. Sie bietet die Möglichkeit, an die Instinkte unserer Urahnen anzuknüpfen, die in einer immer künstlicher werdenden Zivilisation fast verkümmert sind.

Die Naturgesetze beruhen auf einer permanenten Wechselwirkung zwischen den Kräften des Lebens und des Todes. Der Jäger darf diese Gesetze nicht übertreten, sondern muß sich seiner Verantwortung innerhalb dieses Systems bewußt sein. Und zu Beginn des dritten Jahrtausends, nachdem der Mensch bereits auf dem Mond war und sogar die Atombombe erfunden hat, ist es ein tröstlicher Gedanke, daß es noch immer jagende Gemeinschaften gibt – die Inuit und Indios, die Aborigines in Australien, die San der Kalahari und die Pygmäen in den kongolesischen Wäldern. Ihnen ist es gelungen, den so wertvollen Bestand der Wildfauna – ein Erbe aus den Urzeiten der Menschheit – bis heute zu sichern und zu erhalten.

Rückkehr von einer Treibjagd auf Rebhühner im Beauce im Südwesten von Paris. Trotz intensiver Landwirtschaft gibt es in Frankreich noch sehr gute Rebhuhnbesätze.

Waffen, Munition und Zubehör

Flinten

Das Angebot an Flinten ist wegen der vielen Kombinationsmöglichkeiten hinsichtlich der Laufanordnung, der Verschlußkästen, der Verriegelungsarten und Schloßvarianten sehr groß. Aus diesem Grund werden hier nur die gebräuchlichsten Modelle vorgestellt.

BOCKFLINTEN

Die Bockflinten waren wegen der vertikalen Anordnung der Schrotläufe zu Anfang des 18. Jahrhunderts recht beliebt, wurden dann aber immer weniger verwendet. Ende der 1920er Jahre erlebten sie eine Renaissance, vermutlich aufgrund des Erfolges der „B 25" von John Moses Browning, einem Pionier der modernen Waffentechnik. Das sportliche Tontaubenschießen hat ebenfalls viel dazu beigetragen, daß sich dieser Waffentyp halten konnte.

Bockflinten scheinen durch ihre Konstruktion in besonderem Maße für die industrielle Serienfertigung geeignet zu sein und werden inzwischen von allen großen Herstellern angeboten.

Geschätzt wird bei den Bockflinten vor allem das Zielen über nur einen Lauf sowie die im Vergleich zur Doppelflinte gute Griffigkeit des Vorderschaftes. Zu den eher untergeordneten, jedoch vorhandenen Unzulänglichkeiten dieses Waffentyps zählt, daß durch die vertikale Anord-

Petrik-Bockflinte mit Baskülengravur und Doppelabzug.

Nahaufnahme der Patronenauswerfer (Ejektoren) und der unteren Verschlußnut (Browning-Läufe).

nung der Läufe der Verschluß einer besonders hohen Belastung ausgesetzt ist, die Waffe wegen eben dieser Anordnung leicht verkantet wird und der Schuß schnell falsch liegt.
Außerordentlich ansprechend sind aufgrund ihrer Bauweise einige hochwertige Bockflinten, zum Beispiel von Boss oder auch Abbiatico & Salvinelli.

DOPPEL- ODER QUERFLINTEN

Doppel- oder auch Querflinten gelten als Beweis bester Waffenschmiedekunst. Sie werden im wesentlichen mit zwei Schloßtypen ausgestattet: dem Blitzschloß, dessen wichtigste Teile auf dem Abzugsblatt montiert sind, und dem Kastenschloß von Anson & Deeley. Die beiden englischen Waffenschmiede Anson und Deeley meldeten 1875 ein Patent auf das bis heute verwendete System mit innen liegenden Schlagstücken („hammerless") an. Dessen Mechanismus ist sehr einfach und damit zuverlässig: Die Flinte wird durch Kippen der Läufe geöffnet und gespannt und kann entsprechend leicht geladen werden. Das sogenannte Selbstspannerschloß befindet sich innerhalb der Basküle (Verschlußgehäuse). Aufgrund des einfachen Aufbaus des Anson & Deeley-Schlosses, mit dem ungefähr 90 Prozent aller Doppelflinten ausgestattet sind, sollte jeder Waffenschmied in der Lage sein, daran Veränderungen vorzunehmen.

EINLÄUFIGE WAFFEN

Selbstladeflinten

Selbstlader funktionieren durch die von der Patrone

SEITENSCHLOSS-FLINTEN

Bei diesen exklusiven Flinten sind die Schlosse seitlich in den Schaft eingelassen und die vier Elemente, aus denen sie bestehen, auf dem Seitenblech angeordnet.
Eine gute Flinte mit Seitenschlossen verfügt keinesfalls über signifikant bessere ballistische Leistungen. Es handelt sich vielmehr um eine aufgrund des hohen Herstellungsaufwandes teure Luxuswaffe für den Individualisten.
Die nach englischem Vorbild gefertigten Gravuren, so wie man sie auf den sagenumwobenen Purdeys oder Holland & Hollands findet, sind ein gutes Beispiel für kunstvolle Arbeit. Die Akanthusblattgravuren auf den Seitenplatten knüpfen an höchste künstlerische Meisterschaft an. Die französische Schule steht in dieser Beziehung der englischen Waffenschmiedekunst in nichts nach, und auch Belgier und Italiener beherrschen dieses Handwerk sehr gut.
Folgende Punkte sind hinsichtlich der Mechanik wesentlich:
– Schüsse aus einer Flinte mit Seitenschlossen gehen sanft und in absoluter Regelmäßigkeit ab.
– Die Schlosse sind so einstellbar, daß das Kippen der Läufe einfach zu handhaben ist (eine Purdey-Flinte spannt sich beim Schließen). Seitenschlosse haben eine wesentlich längere Lebensdauer als herkömmliche Schlosse. 100 000 bis 150 000 Schüsse ohne Überholung oder Nachjustierung des Systems sind durchaus möglich. Eine Betrachtung der jährlichen Schußleistung lohnt als Kostenvergleich!
Auf wildreichen Jagden wurden früher gelegentlich Schwesterflinten, also zwei exakt baugleiche

Merkel-Flinte mit Seitenschlossen und Ladeanzeige.

Antike Purdey.

freigesetzte Energie. Der Ablauf, Abschlagen – Auswerfen – Spannen – Einführen einer neuen Patrone, erfolgt blitzschnell, ohne daß der Schütze hierfür aktiv werden müßte.

Der zur Bewegung der Teile notwendige motorische Antrieb wird entweder durch Ausnutzung der Gasenergie (Gasdruckprinzip), der Rückstoßenergie (Rückstoßprinzip) oder über ein Trägheitssystem geleistet. Letzteres wurde von Benelli entwickelt und zeichnet sich durch ein Minimum an Bauteilen und hohe, ladungsunabhängige Zuverlässigkeit aus.

Von der sehr eigentümlichen und aufwendigen Cosmi-Kipplaufflinte einmal abgesehen, besitzen diese Waffen nur wenig Eleganz und bieten außerdem kaum Gleichgewicht. Das Laden und Entladen ist recht kompliziert und laut, bei einigen Modellen treten zudem häufig Lade-

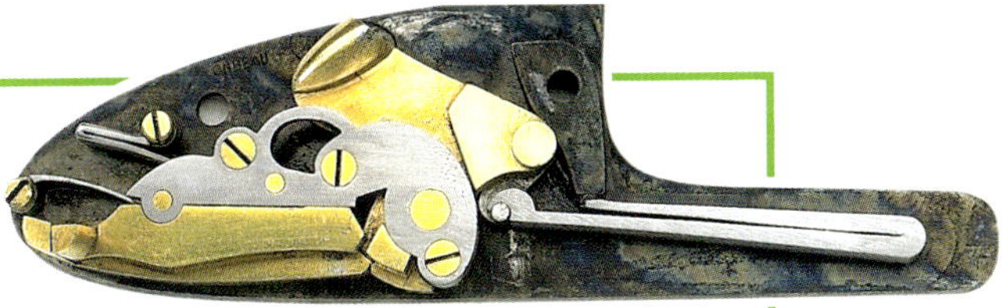

Die sehr schön anzusehende Vergoldung von Hahn und Drücker verhindert die Oxydation.

Flinten, geführt.
In besonders vermögenden Kreisen waren auch dies Seitenschloßwaffen. Eine Hilfsperson, der „Flintenspanner", lud die jeweils abgeschossene Flinte nach und reichte sie dem Schützen, der sich nur noch auf die Erlegung des Wildes konzentrieren mußte.

Holland & Holland-Seitenschloß mit Verschlußhebel.

Die zur Aufnahme der Verschlußeinrichtung gedachte Kolbenausfräsung ist höchste manuelle Präzisionsarbeit.

Selbstladeflinten sind bei Wasserwildjägern (Sumpf, Küstenregion) sehr beliebt. Die "Pump Gun" ist noch robuster.

hemmungen auf. Außerdem sind sie in der Führigkeit durch ihre enorme Gesamtlänge eingeschränkt. Als weiterer Schwachpunkt dieses Gewehrs, das sich nicht wie jede andere Bock- oder Doppelflinte „knicken" läßt, wäre die Sicherheit zu nennen: Für die Umgebung ist nie erkennbar, ob das Magazin oder die Kammer geladen oder leer sind. Zu den Vorzügen zählen Komfort beim Zielen, gute ballistische Eigenschaften und natürlich die Möglichkeit, drei Schüsse in Folge abgeben zu können.

Das Magazin faßt in der Regel zwei Patronen, eine weitere kann gleich in das Patronenlager geladen werden. In Deutschland sind Selbstladewaffen mit einer größeren Magazinkapazität verboten.

Außerdem kann man bei diesen recht preiswerten Gewehren die Läufe auswechseln, je nachdem, ob man im Wald, im offenen Gelände oder auf Wasserwild jagen möchte. Damit hat man für jede Gelegenheit einen passenden Wechsellauf zur Hand und muß nicht in mehrere Waffen investieren.

Manuelle Repetierflinten

Die „Pump Gun"

Bei diesen Waffen repetiert der Schütze die neuen Patronen durch Vor- und Zurückziehen des beweglichen Vorderschaftes manuell in das Patronenlager.

Diese Flinte ist, wenn sie aufmerksam und besonnen benutzt wird und mit etwas Übung, sehr effektiv. Leider wird sie in Europa vor allem zur Verteidigung verwendet; in Frankreich droht sie aufgrund neuer gesetzlicher Bestimmungen verboten zu werden.

Verschlußsysteme Typ Mauser

Waffen dieser Art werden nur selten in Europa verwendet, dafür aber in den Vereinigten Staaten, häufig am Meer.

Das hat wahrscheinlich im wesentlichen damit zu tun, daß sie so günstig sind: Die Benutzer scheinen dadurch in Kauf nehmen zu können, daß beim Jagen in salzhaltiger Luft das Metall unweigerlich angegriffen wird.

DIE FLINTENKALIBER

Die Bestimmung der Flintenkaliber geht auf die englische Artillerie des 17. Jahrhunderts zurück und ist heute eigentlich veraltet. Die Kaliberbezeichnung entspricht der Anzahl gleich großer Kugeln mit dem Durchmesser des

Schrotlaufes, die man aus einem englischen Pfund (nach altem Maßsystem 0,4895 kg) reinen Bleis fertigen kann. Kaliber 12 entspricht also dem Durchmesser jeder von zwölf gleich großen Bleikugeln (18,5 mm), die zusammen ein Pfund wiegen. Im 18. Jahrhundert wurde in Europa mit kleinkalibrigen Waffen (24 oder 28) gejagt. Zu Anfang des 19. Jahrhunderts verhalf der Waffenbauer Joseph Manton – sein Schüler war der berühmte James Purdey – dem Kaliber 12 zum Durchbruch, das sich später beim Tontaubenschießen als sehr wirksam bewies.

Schrotpatronen der Kaliber 12, 16, 20 und 24.

Die Vorteile des Kaliber 12 gegenüber dem Kaliber 16 und, in noch stärkerem Maße, gegenüber dem Kali-

NORMENTABELLE FÜR KALIBER

Kaliber	4	8	10	12	14	16	20	24	28	32	36 oder 12 mm oder 410
Laufinnendurchm. (mm)	23,75	21,2	19,5	18,5	17,6	17,0	15,7	14,7	14	12,75	10,41

Die Durchmesser können je nach Land und Hersteller bis zu 0,6 mm schwanken.

STANDARDISIERUNG DER WÜRGEBOHRUNG (CHOKE) 12ER KALIBER

Laufinnendurchm.	Verengung: 1/23	Vollchoke	3/4-Choke	1/2-Choke	1/4-Choke	Verbesserte Zyl.-bohrung
18,5 mm	0,80 mm	17,70 mm	17,90 mm	18,10 mm	18,30 mm	18,40 mm
		Maximale Reichweite	← Choke-Wirkung →			Maximale Streuung

Die verwendete Schrotstärke richtet sich nach der bejagten Wildart.

ber 20 sind unbestritten. Dies hat sich nach langjähriger Erfahrung gezeigt und ergibt sich auch aus der Anzahl der Bleie pro Patrone. Trotzdem entscheiden sich viele Jäger nicht ohne Grund für das Kaliber 20: Die Waffe ist dann leichter als die dicke 12er Flinte und läßt sich bequemer schultern – kurz, sie ist insgesamt führiger.

DIE SCHROTE

Je nach Wildart werden unterschiedliche Schrotstärken verwendet, wobei deren Numerierung etwas verwirrend ist. Mit steigendem Einzelkorndurchmesser werden die Nummern kleiner.

In Deutschland sind fast nur die Größen Nr. 7 (2,5 mm), Nr. 5 (3,0 mm), Nr. 3 (3,5 mm) und selten Nr. 1 (4,0 mm) handelsüblich und in jagdlichem Gebrauch. Aus diesem Grund finden nur sie hier Erwähnung.

Eine Besonderheit stellen Flintenlaufgeschosse dar. Dabei handelt es sich um kalibergroße Bleigeschosse, die auf Entfernungen von bis zu 35-40 m mit der Flinte den Schuß auf Schalenwild ermöglichen.

SCHROTGARBE UND WÜRGEBOHRUNG

Um 1870 wurde eine Technik entwickelt, um die Reichweite der Schrotgarbe zu vergrößern. Sie bestand darin, daß man am Ende des Flintenlaufs zur Verringerung der Schrotstreuung eine Verengung (Würgebohrung oder Choke genannt) einarbeitete.

Eine Ladung von 32-34 g ist für das Kaliber 12/70 gerade richtig.

Die Schrotgarbe ist eiförmig und mehr oder weniger lang bzw. hoch. Ihre Länge kann von 1 m (bei 20 m) bis zu 3 m (bei 40 m) betragen. Je ausgeprägter der Choke, um so flacher entwickelt sich die Schrotgarbe, und um so größer ist ihre Reichweite. Tendenziell nimmt die Wirkung des Chokes mit

Schrotgröße	Durchmesser in mm	Durchschnittsgew. je Schrotkorn (g)	Anz. Schrotkörner (23-g-Ladung)	Anz. Schrotkörner (36-g-Ladung)
	1,25	0,012	2 900	3 270
	1,75	0,030	1 050	1 160
	2	0,047	680	765
	2,25	0,068	480	535
	2,41	0,081	390	440
	2,50	0,093	350	390
	2,75	0,123	260	295
	3,00	0,159	200	227
	3,25	0,200	160	177
	3,50	0,254	125	141
	3,75	0,313	100	117
	4,00	0,371	85	95
	4,25	0,454	70	81
	4,50	0,535	59	65
	4,75	0,636	51	57
	5,00	0,738	43	48

Die gute alte Brenneke. Das Flintenlaufgeschoß wird seit 1898 hergestellt.

zunehmendem Durchmesser der Schrote ab, ab Schrotstärke 3 mm (Nr. 5) recht deutlich.
Vollchoke-Läufe sind für weite Schüsse auf Wasserwild und die stark streuende verbesserte Zylinderbohrung für den schnellen Schuß auf die Schnepfe im Unterholz

Brenneke, Kaliber 20, aus einem auf ungefähr 15 m geschossenen Wildschwein.

Das Blondeau-Geschoß – hervorragende Präzision und Schußleistung, für stark gechokte Läufe allerdings nicht geeignet.

JAGDSCHROTE

Umrechnungstabelle

Durchmesser in mm	Frankreich	Groß-britannien	Deutschland	Belgien	USA
5,00	4/0	AA	4/0	5/0	0
4,75	3/0		3/0	4/0	BBB
4,50	2/0	A	2/0	3/0	BB
4,25	0	BBB	0	2/0	–
4,00	1	BB	1	0	1
3,75	2	B	2	1	2
3,65	–	1	–	–	–
3,50	3	2	3	2	3
3,25	4	3	4	3	4
3,00	5	4	5	4	5
2,85		4 1/2			
2,80		5			6
2,75	6	5 1/2	6	5	
2,50	7	6 1/2	7	6	7
2,40	7 1/2	7		7	7 1/2
2,25	8	8	8	8	8
2,10	8 1/2				
2,00	9	9	9	9	9
1,75	10	10	10	10	10
1,70		11			
1,50	11	12	11	11	11

geeignet. Die „Vollchoke-Manie", von der sich manche Jäger anstecken lassen, ist trügerisch: Je enger die Läufe gebohrt sind, um so leichter verfehlt man das Ziel. Die Kombination 1/4- und 1/3-Choke zum Beispiel, ist für 90 Prozent aller auftretenden Jagdsituationen in offenem Gelände richtig.

Einige Hinweise allgemeiner Art:

– Die Ballistik ist keine exakte Wissenschaft. Manche schwach gechokten Läufe bieten auch auf weite Entfernungen eine hohe Treffsicherheit, ohne daß man

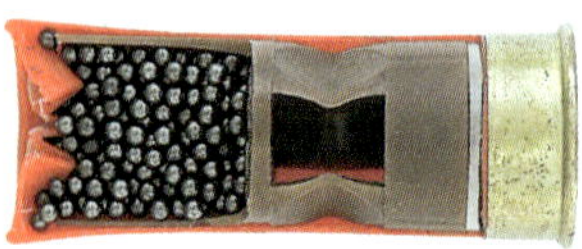

Gute Schußleistung setzt die Systematisierung von Schrotmarken und -nummern voraus.

genau weiß, warum. Andere eignen sich besser für die ein oder andere Schrotgröße.
– Die Streuung kann durch Unterschiede in der Abmessung und Form der Schrote, durch die Art des Zwischenmittels, die Bördelung und durch eine zu hohe, ja sogar unregelmäßige Anfangsgeschwindigkeit negativ beeinflußt werden. Die Anfangsgeschwindigkeiten von Standardpatronen liegen mit 370-400 m/s im Überschallbereich. Von sogenannten Extrempatronen (480 m/s) sollte sich niemand blenden lassen: Der Luftwiderstand beeinflußt die Garbe negativ.
– 12/76er Magnum-Patronen (Kaliber 12 bei 76 mm Patronenlänge anstelle der üblichen 65, 67,5 oder 70 mm) sind hinsichtlich ihres Preises und Rückstoßes eher enttäuschend: Um die Reichweite von 45 auf 48 m zu steigern, müßte man das Gewicht der Bleiladung von 36 g auf 46 g erhöhen.
– Der extra lange Mantel einiger besonders teurer Patronen sieht zwar schön aus, hält aber nie, was er verspricht. Austausch-Chokes sind oft wenig leistungsfähig.

Jagen und Schießen erfordern stets höchste Konzentration.

Büchsen

Der gezogene Kugellauf war erst in der ersten Hälfte des 19. Jahrhunderts allgemein verbreitet, auch wenn er bereits seit dem 16. Jahrhundert einigen Eingeweihten bekannt war. Ausschlaggebend waren Verbesserungen in der Laufziehtechnik.

Die Felder und Züge des Laufinneren bringen das Geschoß in Rotation.

Das Prinzip des gezogenen Laufs besteht darin, das Projektil durch eine spiralförmige Führung in Feldern und Zügen in eine stabilisierende Rotationsbewegung um die eigene Längsachse zu bringen, um damit dessen Flugverhalten und Reichweite wesentlich zu verbessern. Zur Zeit werden Geschoß-Anfangsgeschwin-

Die Bockbüchse im Kaliber 9,3 x 74 R – eine „schlagkräftige" Waffe.

Heute fertigen alle großen Hersteller ihre eigenen Repetierbüchsen.

digkeiten von 700-1200 m/s erreicht (bei Langwaffen), die Rotationsgeschwindigkeit der Geschosse liegt bei 180 000 bis 230 000 Umdrehungen pro Minute. Dabei wird ein Druck von nahezu 4000 bar aufgebaut, was wesentlich mehr ist als die rund 700 bar bei Flinten. Die Angebotspalette an Büchsen ist extrem breit – das betrifft auch die dazugehörige Munition. Die vier wichtigsten Büchsenfamilien werden im folgenden vorgestellt.

REPETIERBÜCHSEN

Repetierbüchsen werden manuell durch Drehen sowie Vor- und Zurückziehen des Verschlusses geladen und gespannt. Kürzlich wurde in Deutschland von den Firmen Blaser und Mauser der Geradezug-Repetierer entwickelt, bei dem die Drehbewegung nicht mehr notwendig ist. Laden und Spannen gehen hier deutlich schneller. Die Repetierer wurden direkt oder auch indirekt von der berühmten Mauser 1898 abgeleitet. Sie gehören zu den am weitesten verbreiteten Waffen und sind zumindest in ihrer Standardausführung recht preiswert. Alle Waffenmanufakturen weltweit stellen die „Pirschbüchsen" in nahezu sämtlichen Kalibern her – von der kleinen „Schonzeitwaffe" bis hin zu den stärksten Großwildbüchsen. Ordentlich gefertigte Kammer- oder Zylinderverschlüsse sind unverwüstlich und stark belastbar – was bei der heute verwendeten modernen Hochleistungsmunition auch notwendig ist. Blaser, Mauser und die Firma Sauer stellen auch Systeme

Die Flugbahn des Geschosses wird über die Geschwindigkeit und das Gewicht des Projektils bestimmt.

Manche Büchsenmodelle bieten den Vorteil auswechselbarer Läufe.

mit Wechselläufen her – austauschbar natürlich nur innerhalb der Kaliberklasse Medium (zum Beispiel .243 Win. und .270 Win.) oder Magnum (zum Beispiel 7 mm Remington Magnum und .375 H & H Magnum). Der wesentliche Vorteil dieser Systeme besteht darin, daß die gewohnte Waffe breiter einsetzbar wird. Weiterhin gibt es die Allwetterbüchsen, die in den USA immer mehr Anhänger finden, sich in Europa vornehmlich aus ästhetischen Gründen aber noch nicht durchsetzen konnten. Die Werkstoffauswahl bei diesen Büchsen wird nach folgenden Kriterien vorgenommen: maximale Stoßfestigkeit, Widerstandsfähigkeit gegenüber Umwelteinflüssen (Regen, Schlamm usw.) und farbliche Anpassung an die natürliche Umgebung. Die Schäfte bestehen entsprechend aus Karbon, Kevlar oder Glasfaser, und die Systemteile Verschlußkasten und Lauf sind mit wetterfesten Speziallegierungen versehen.

UNTERHEBEL-REPETIERBÜCHSEN

Diese Waffen sind vor allem dadurch bekannt geworden, daß sie sehr häufig in amerikanischen Filmen zum Einsatz kamen.

Abgesehen von ihrem besonderen Charme lassen sich diese Karabiner in der Regel wesentlich schneller nachrepetieren als Waffen mit Zylinderverschluß. Das zeitraubende Laden und Entladen von Modellen mit röhrenförmigen Magazinen kann allerdings lästig sein, wenn nicht gar einen erheblichen Unsicherheitsfaktor während

Die etwas „blutleeren" Kaliber mancher Unterhebel-Repetierer eignen sich nur zur Rehwildjagd.

Die Unterhebel-Repetierbüchse: Symbol für den Wilden Westen.

der Jagd darstellen. Bei zahlreichen Unterhebel-Repetierern wird außerdem für den Jagdsport unzureichend leistungsfähige Munition verwendet. Die Auswahl hängt demzufolge von den Kalibern ab, in denen die Waffen verfügbar sind. In diesem Sinne sollen hier einige Marken genannt werden:

– die Marlin in Kaliber .444 und eventuell, auf sehr kurze Entfernungen, in .45-70 Gov.
– die Winchester (94) in den Kalibern .307, .356, .358 und .444 Marlin;
– die Browning (BLR) in den Kalibern .300 Win. Mag., 7 mm Rem. Magnum und 270 Win.;
– die Savage schließlich (99) in dem Kaliber .300 Savage.

SELBSTLADEBÜCHSEN

Die Selbstladebüchse wurde um 1900 erfunden. Zunächst gab es ihr gegenüber allerdings einige Vorbehalte, da sie eine starke Tendenz zu Ladehemmungen hatte, einen Mangel an Präzision aufwies und man mit ihr keine starke Munition verschießen konnte. Letzteres war zweifelsohne der größte Hinderungsgrund für ihre Anerkennung.

Seit ungefähr 1970 sind nun durch Verbesserungen des Verschlusses und der gas- und munitionsaufnehmenden Systemkomponenten alle diese Mängel beseitigt. Das den Selbstladeflinten vergleichbare System „schluckt" nun so ziemlich alles: von der .222 Remington bis zur mächtigen .338 Win. Magnum.

Die in bestimmten Situationen vorteilhafte Möglichkeit eines dritten Schusses kann sich in den Händen eines unbeherrschten oder der Sturmgewehr-Nostalgie verfallenen Jägers in ihr Gegenteil verkehren. Aus diesem Grund sind Selbstlader eigentlich nicht gern gesehen, in einigen europäischen Revieren sogar verboten.

Auswurffenster einer halbautomatischen Remington.

Diese Waffen weisen bis heute noch immer vor allem vier Mängel auf:

– Aufgrund der Länge des Verschlußkastens

Zur Vermeidung von Ladehemmungen ist sorgfältige Pflege unerläßlich.

sind sie optisch wenig ansprechend.

– Das Laden und Bereitmachen zur Schußabgabe ist zeitraubend und sehr lärmintensiv.

– Selbstlader wiegen im allgemeinen recht viel.

– Für andere Jäger ist nur schwer zu erkennen, ob die Kammer und das Ladegehäuse wirklich leer sind. Eine entspannte Stimmung wird sich entsprechend nur schwerlich einstellen.

Diese Büchse ist demzufolge nur so gut wie die Person, die sie bedient. Ein verantwortungsvoller Benutzer wird von sich aus nie bestimmte Sicherheitsgrenzen überschreiten, und bei guter Pflege ist auch die Selbstladebüchse ein leistungsfähiges, ideal funktionierendes Gewehr.

Die „Pump Rifle“ ist der bereits genannten „Pump Gun“ in vieler Hinsicht sehr ähnlich. Sie läßt sich sehr schnell neu laden und ist dabei hundertprozentig zuverlässig, da die Patronen keinen hohen Druck entwickeln müssen.

Theoretisch gesehen bietet sie eine höhere Präzision als die Selbstladebüchse, was jedoch auf normalen Jagden, wenn man die unterschiedliche Geschicklichkeit ihrer Anwender bedenkt, keine Rolle spielt.

BÜCHSEN MIT KIPPLÄUFEN

Die Doppelbüchse

Diese Waffe weist zwei Kugelläufe gleichen Kalibers horizontal nebeneinander auf. Sie wurde um 1860 in England unter der Bezeichnung „Express“ gebaut und fand ihren Einsatz vorzugsweise in den zahlreichen britischen Kolonien. Mit ihr konnten die Großwildjäger auf relativ kurze Entfernung eine großkalibrige Patrone mit hoher kinetischer Energie verschießen und, falls notwendig, noch einmal nachsetzen – mitunter konnte dies lebensrettend sein. Die Doppelbüchse ist für einige Jagdführer in den Tropen aufgrund ihrer Zuverlässigkeit noch immer eine Art Sicherheitswaffe.

Sie ist auch, allerdings in kleineren Kalibern, eine gern geführte Waffe bei Drückjagden, bei denen meist nur auf kurze und mittlere Entfernungen von nicht mehr als 70 m geschossen wird.

Der auch heute noch typisch europäische Charakter dieses Waffentyps wird deutlich, wenn man sich amerikanische Munitionskataloge ansieht: Keiner der großen amerikanischen Hersteller bietet Randpatronen für Kipplaufbüchsen an. Lediglich „A. Square“ stellt sie in geringen Mengen her. Für die Anschaffung der recht teuren Doppelbüchse spricht, daß sie keine Ladehemmungen aufweist, beim Laden durch die kippbaren Läufe Sicherheit und Komfort bietet sowie hohe Führigkeit besitzt. Eine Doppelbüchse ist zum Beispiel kürzer als ein Mauser-Zylinderverschluß-Repetierer klassischer Bauart. Als weiterer Vorteil erweist sich die Möglichkeit, auf Schrotläufe (meist Kaliber 20) umrüsten zu können. Schließlich sind zahlreiche Waffenliebhaber einfach von der optischen Erscheinung der Doppelbüchse begeistert, die mehr als jede andere Waffe an die legendenumwobene Großwildjagd erinnert. Allerdings sollte man nur die Munition benutzen, die auch beim Einpassen der Läufe verwendet wurde, um sicherzustellen, daß der Streukreis möglichst gering bleibt.

Das altbewährte Kaliber 9,3 x 74 R ist immer noch sehr beliebt, obwohl es für Wildarten wie das Reh eigentlich zu stark ist.

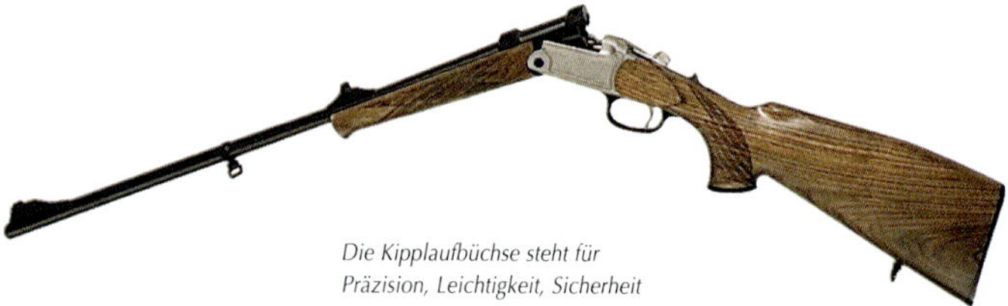

Die Kipplaufbüchse steht für Präzision, Leichtigkeit, Sicherheit und Eleganz.

Varianten der Doppelbüchse sind die Bockbüchse mit übereinanderliegenden Kugelläufen und der sogenannte Bergstutzen mit zwei Kugelläufen unterschiedlichen Kalibers, ebenfalls vertikal angeordnet.

Die Kipplaufbüchse

Die ersten Büchsen mit nur einem Kipplauf wurden gegen Ende des 19. Jahrhunderts in Mitteleuropa und England hergestellt. Zur Zeit befinden sich die wichtigsten Produktionszentren für diese Waffe in Österreich und Deutschland, wo sie oft in Luxusausführung hergestellt werden.

Diese sehr leichte, zierlich wirkende Waffe ist nur mit einer optischen Zielhilfe interessant. Damit kann der traditionelle Jäger von seinem Anstand aus oder bei der Drückjagd den angestrebten selektiven Hegeschuß abgeben. Die Kipplaufbüchse kann bedenkenlos geladen getragen werden, da die Schlagfeder separat, also erst direkt vor dem Schuß gespannt wird, was sehr leicht und lautlos geht.

Bei zu starker Munition ist allerdings Vorsicht angeraten: Ein zu harter Rückstoß kann dazu führen, daß man die Freude an dieser Waffe recht schnell verliert.

KOMBINIERTE WAFFEN MIT GLATTEN UND GEZOGENEN LÄUFEN

Zu diesem Bereich der Waffenbautechnik gehören zum einen die Büchs- und Bockbüchsflinten, die mit zwei verschiedenen Läufen – einem Schrot- und einem gezogenen Kugellauf – in horizontaler (Büchs-) bzw. vertikaler (Bockbüchs-) Anordnung ausgerüstet sind, sowie der Drilling, bei dem zwei Schrotläufe nebeneinander über einem dritten, gezogenen Kugellauf liegen. Obwohl es auch beim Drilling weitere Anordnungsvarianten gibt, soll hier nur diese genannt werden, da sie die meistverbreitete ist.

Die Kombination zweier grundlegend unterschiedlicher ballistischer Qualitäten bietet den Vorteil einer flexibel einsetzbaren „Allroundwaffe". So ist man mit dem Drilling in unterschiedlichsten Situationen der Hoch- und Niederwildjagd gerüstet. Die Vielseitigkeit hat jedoch den Preis, daß der Drilling auf keinem Gebiet eine echte Spitzenwaffe ist:

– Das Gewicht des Drillings und sein aufgrund der Gewichtsverteilung ungünstiges Schwingungsverhalten erweisen sich bei einem schnellen Mitfahren als hinderlich, insbesondere beim Schrotschuß auf einen schnell streichenden Vogel.

– Hat man nur einen gezogenen Lauf zur Verfügung, sind bei der Jagd auf größeres Wild Fehlschüsse nicht korrigierbar, da man sich auf Flintenlaufgeschosse bei Distanzen jenseits von 35-40 m (Kaliber 12) nicht mehr verlassen kann.

– Die Einstellung des Umschaltschiebers und die Betätigung des richtigen Abzuges können in spannungsgeladenen Situationen, in denen man schnell reagieren muß, auch einmal schiefgehen und müssen durch häufiges Üben zur selbstverständlichen Routine werden.

Diese kurze Beschreibung der Nachteile dieser Waffe soll allerdings nicht abschreckend wirken. Viele Jäger sind aus gutem Grund mit ihrem Drilling sehr zufrieden.

Der Doppelbüchsdrilling

Dabei handelt es sich um eine weniger bekannte kombinierte Waffe: Bei einem Doppelbüchsdrilling liegen zwei Kugelläufe desselben, meist etwas größeren Kalibers über einem einzelnen Schrotlauf. Dieses Gewehr wird von vielen als Luxuswaffe betrachtet, besitzt allerdings eine besonders ungünstige Gewichtsverteilung, was dazu führen kann, daß man beim Anlegen an die Schulter und dem anschließenden Schießen schon einmal ins Schwanken geraten kann.

Tauben und Schnepfen sind damit kaum zu jagen, allenfalls überzählige Beutegreifer, die der Hochwildjäger aus seinem Revier zu entfernen sucht.

Die zwei Kugelläufe des äußerst ungewöhnlichen Bockdrillings haben nicht das gleiche Kaliber wie die des Doppelbüchsdrillings, sondern meist ein kleineres, sogenanntes „Schonzeitkaliber". Diese ungewöhnliche Kombination unterschiedlicher Kalibergrößen ermöglicht die Jagd auf nahezu alle Wildarten mit einer einzigen Waffe. Die Einstellung einer annähernd deckungsgleichen Treffpunktlage aller Läufe ist keine leichte Sache, da nur bestimmte kleine und große Kugelkaliber zueinander passen und eine korrekte Ballistik liefern. Viele dieser Meisterstücke kommen aus der berühmten Waffenschmiedestadt Ferlach in Österreich.

Mit der Kombination Kugel und Schrot ist man auf alle Überraschungen in abwechslungsreichem Gelände vorbereitet.

BÜCHSENMUNITION

Zur Zeit sind 200 verschiedene Kaliber für Langwaffen auf dem Markt erhältlich, weit mehr als notwendig. Um alle vorkommenden Wildarten bejagen zu können, wären vier bis fünf ausreichend.

Viele Hersteller fühlen sich durch die Marktsituation gezwungen, ihre eigene Munition zu entwickeln: So stößt man auf Kalibergrößen und Geschoßarten, die äußerlich kaum zu unterscheiden sind und auch in ihrer Ballistik kaum voneinander abweichen.

Die Kaliber-Palette reicht vom winzigen .17 Remington (4,3 mm Durchmesser, Kugelgewicht 1,6 g) bis zum riesigen 700er Nitro-Express

Der Drilling – ein Allrounder unter den Jagdwaffen.

Das Munitionsangebot ist fast unüberschaubar.

(ungefähr 18 mm Durchmesser bei einem Kugelgewicht von immerhin 64,8 g!). Eine Erläuterung der wichtigsten Bezeichnungen soll dabei helfen, eine falsche Kaufentscheidung zu verhindern.
In Europa werden in der Kaliberbezeichnung oft der Geschoßdurchmesser und die Länge der Hülse in mm genannt: zum Beispiel 7 x 64. Die für Kipplaufwaffen geeignete Entsprechung heißt dann 7 x 65 R. Das „R" bedeutet „Rim" auf englisch oder „Rand" auf deutsch. Das heißt, daß ein Rand vorhanden ist, unter dem die Auszieh-Kralle von Kipplaufwaffen einhaken kann.
– 8 x 68 S bezeichnet ein modernes deutsches Geschoß; das „S" steht für eine Durchmessererweiterung auf 8,2 mm Durchmesser.
– 8 x 57 JRS ist ebenfalls eine deutsche Kaliberbezeichnung („R" = Randpatrone, „J" = „I" für „Infanterie", „S" = Durchmessererweiterung auf 8,2 mm).
– Die Munition 7 x 66 SE („SE" = Superexpress) entwikkelt eine große Anfangsgeschwindigkeit und ist sehr leistungsfähig.
Sie wurde um 1925 erfunden und ist der Vorläufer der heutigen modernen Magnum-Patrone.
– Magnum-Patronen haben ein deutlich höheres Pulvervolumen als Standardhülsen und eine entsprechend höhere Leistung.

Großkalibrige Kugel nach Aufpilzung. Gut sichtbar: die Abdrücke der Felder im Geschoßmantel.

Das angelsächsische System
Hier findet das Hundertstel Zoll (1 Zoll = 25,4 mm) zum Beispiel für die Kaliber .30 und .44 und des öfteren auch das Tausendstel Zoll Verwendung: .222 Remington, .300 Winchester Magnum, .375er H & H, .416 Rigby usw. Kaliber .222 entspricht (x 0,0254 mm) zum Beispiel einem Durchmesser von 5,6 mm.
Die nachfolgenden Beispiele zeigen, daß die manchmal auftretende zweite Zahlenangabe im angelsächsischen System die unterschiedlichsten Bedeutungen haben kann:
– .470 NE: „NE" = Nitro-Express.
Diese Patronen für das englische Express-Gewehr sind mit modernem Pulver (Nitro) ohne Rauch-entwicklung bestückt – im Gegensatz zum ehemaligen Schwarzpulver.

DER RÜCKSTOSSEFFEKT

Die Rücklauf- bzw. kinetische Energie

Waffengewicht x Rücklaufgeschwindigkeit = Geschoßmasse x Geschoßanfangsgeschwindigkeit

daher

$$\text{Rücklaufgeschwindigkeit} = \frac{\text{Geschoßmasse x Geschoßgeschwindigkeit}}{\text{Waffengewicht}}$$

Der Rückstoß ist eine Reaktion auf die zum Ausstoß der Projektile benötigte Energie. Oder anders ausgedrückt, der durch Verbrennung des Pulvers erzeugte Druck wirkt einerseits auf das Geschoß und treibt es nach vorn, aber auch in die andere Richtung (in genau dieser Reihenfolge): auf den Boden der Hülse, den Verschluß, die Verriegelungszapfen, das Verschlußgehäuse (bzw. die Laufzapfen), den Kolben und schließlich auf die Schulter des Schützen. Kugelwaffen „schlagen" wesentlich stärker als Flinten. Das physikalische Gesetz von der Gleichheit der Bewegungsmengen vermittelt zumindest eine Vorstellung von der Rückschlagkraft – ausgedrückt in Rücklaufgeschwindigkeit und -energie. Sie lassen sich berechnen, wenn das Gewicht der Waffe bekannt ist (siehe oben die Formel zur Definition der kinetischen Energie). Daraus läßt sich ableiten, daß sich Waffe und Geschoß bei identischem Gewicht mit identischer Geschwindigkeit in ihre jeweilige Richtung bewegen würden. Pulvermasse, Ausstoßgeschwindigkeit sowie der einem Raketenstart vergleichbare Effekt der Gasausdehnung im Moment des Austritts aus dem Lauf haben großen Einfluß auf den Gesamtrückstoß. Als weitere Einflußfaktoren kommen die Kräfte, die im Lauf auf das Geschoß einwirken, die Länge des Übergangskonus (glatter Laufteil zwischen der Kammer und dem Beginn des Dralls), die Drallsteigung usw. hinzu. Wie der Schütze den Rückstoß erlebt, kann natürlich nicht in Zahlenwerten ausgedrückt werden. Hier spielen die physische Konstitution des Schützen, seine subjektive Empfindlichkeit, aber auch die Kolbenform und der Schaftabschluß der Waffe eine wichtige Rolle.

Heute ist es üblich, Waffen zu verwenden, die für die Leistung ihrer Geschosse zu leicht sind. Der Preis dafür ist häufig ein sehr heftiger und schmerzhafter Rückstoß. Aus diesen Gründen sollte die Ladung bei einer 2,6 kg schweren Flinte 30-32 g nicht überschreiten; bei einer Büchse (.366 Mauser) mit einer Kammer für Munition des Kalibers 9,3 x 62 sollte das Waffengewicht nicht unterhalb von 3,4 kg liegen. Die üblichen ballistischen Tabellen sind gemeinhin mit etwas Vorsicht zu genießen, da sie leicht dazu verführen, bis an die Grenze der Leistungsfähigkeit des Materials zu gehen. Waffengewicht und Munitionsleistung müssen deshalb in einem vernünftigen Verhältnis zueinander stehen.

DIE BALLISTISCHEN EIGENSCHAFTEN EINER BÜCHSENPATRONE

Es ist nicht möglich, hier in aller Ausführlichkeit auf die Leistungen der gesamten Munitionspalette und ihre Eignung in Abhängigkeit von Größe und Konstitution des Wildes einzugehen. Umfassende Informationen dazu bieten Händler und Importeure. Als Beispiel sei hier das weitverbreitete Kaliber .300 Winchester Magnum, Geschoßtyp TUG 11,7 g aus deutscher Herstellung (RWS /Dynamit Nobel) genannt. Dieses Geschoß hat einen zweigeteilten Kern, dessen härterer hinterer Teil eine hohe Durchschlagskraft besitzt und den nötigen Ausschuß erbringt. Der vordere, weichere Teil zerlegt sich im Wildkörper.

In einer solchen Situation denkt kaum jemand an Ballistik...

Das Gewicht beträgt 11,7 g beziehungsweise

$$\frac{11,7}{0,0648} = 180 \text{ grains.}$$

Das hintere Ende besitzt eine leicht angespitzte Torpedoform (TUG = Torpedo Universal-Geschoß), um den Luftwiderstand gering zu halten, da sich dieser negativ auf die Stabilität und Geschwindigkeit des fliegenden Projektils auswirkt.

Verwendung: Elaphe-Hirsch, Wildschwein usw.

Maximaler Gasdruck: 3900 bar (fast 3900 kg/cm^2)

Gewehrlauflänge: 650-700 mm

Geschwindigkeit: wird in m/s angegeben (bei 0, 50,

Diese große Auswahl bietet zumindest Gesprächsstoff!

100, 200 und 300 m)
Kinetische Energie: wird für die eben genannten Entfernungen in Joule angegeben
$Ec = 1/2\ mV^2$
m = Geschoßmasse in kg
v = Geschoßgeschwindigkeit in m/s
Zur Umrechnung in kg/m muß durch 9,81 dividiert werden.
Der Kurvenverlauf: Er gibt in 50-m-Schritten die vertikalen Abweichungen der je nach Kaliber mehr oder weniger gestreckten Geschoß-Flugbahn in der Steig- und Sinkphase von der Visiergeraden wieder. Die Werte werden sowohl für eine auf 100 m „Fleck" eingeschossene als auch für die GEE (siehe unten) ermittelt und sind den Angaben der Patronenschachtel zu entnehmen.
Die günstigste Einschießentfernung (GEE): Dieser Wert gibt an, auf welche Entfernung die Waffe einzuschießen ist, um eine möglichst gute Ausnutzung der Patrone zu erzielen. Die meisten Kugelwaffen werden nicht „Fleck", sondern mit einem Hochschuß von 4 cm auf 100 m eingeschossen. So weichen Treffpunkt und Haltepunkt (anvisierter Punkt) in einer weiten Spanne vor und hinter der GEE kaum voneinander ab.
Aus den Angaben der Munitionsschachtel kann man recht genau ablesen, bei welchen Distanzen die Grenzen der Patrone liegen. So können trägere Geschosse (zum Beispiel 9,3 x 72), die auf 100 m den gewünschten leichten Hochschuß erbringen, auf 200 m schon um fast 20 cm tiefer liegen.
Jeder Jäger, der die Leistung seiner Waffe voll ausschöpfen möchte, sollte diese Zusammenhänge kennen und sich nicht nur auf seinen Waffenmeister verlassen – der betrachtet diese Dinge oft mit anderen Augen.

– .30-06: Munition in Kaliber .30 aus dem Jahre (19)06 (für das Springfield-Gewehr entwickelt).
– .45-70: Kaliber .45, ehemals mit 70 grains Schwarzpulver geladen (1 grain = 0,0648 g). – .22/250 Remington: Mu-nition, die von Remington auf der Grundlage des 250er Savage aus Kaliber .22 entwickelt wurde.
Die länderweise unterschiedlichen Kaliberbezeichnungen können also schon verwirren. Hinzu kommt eine Vielzahl

Ein ausgezeichnetes, aber wenig verbreitetes Kaliber.

möglicher Geschoßkonstruktionen und Pulverladungen (Laborierungen) innerhalb des gleichen Kalibers, die den Einsatzbereich der Waffe noch etwas vergrößern: Innerhalb desselben Kalibers können also aus einer Waffe unterschiedliche Laborierungen verschossen werden.
Das Kaliber, das heißt Geschoßstärke und Hülsenlänge, muß aber immer exakt zur Waffe passen! Gleicher Geschoßdurchmesser allein bedeutet noch nicht gleiche Munition. So hat zum Bei-

Auf dem Ansitz ist das Zielfernrohr eine große Hilfe, bei der Drückjagd aber nicht jedermanns Sache.

spiel die .308 Winchester den gleichen Geschoßdurchmesser wie die .30-06, hat aber eine kürzere Hülse und ist deutlich schwächer. Hier darf kein Fehler unterlaufen! Falsch geladene Waffen sind extrem gefährlich. Laufsprengungen und schreckliche, oft tödliche Verletzungen können die Folge sein. Der Umgang mit der Waffe erlaubt keine Nachlässigkeiten!

Das Treiben wurde eröffnet.

Büchsen

Die folgende Übersicht zeigt, welche Kaliber für welches Wild geeignet sind. Die Aufstellung ist nicht zwingend oder gar vollständig. Zu berücksichtigen ist außerdem, daß die Gesetzgebung länderweise unterschiedlich ist, was die Munition und die jagbaren Arten betrifft.

Das Bundesjagdgesetz und die Landesjagdgesetze regeln, welche Anforderungen Patronen für Schalenwild erfüllen müssen.

FÜR DIE BEJAGUNG BESTIMMTER WILDARTEN VERWENDBARE MUNITION

Wildart	Geeignete Munition
Elefant, Büffel, Flußpferd	.460 Weatherby, .458 Win. Magnum, .470 NE, .416 Rigby, .500 NE, .500 A. Square, .416 Rem. Magnum, .375 H&H, .378 Weatherby, 10, 75 x 73, 9, 3 x 64, .505 Gibbs
Bär, Antilope, Großkatze, Großhirsch, Wapiti, Orignal, Karibu	.375 H&H, .338 Win. Magnum, .338 Lapua Magnum, .358 Norma Magnum, .340 Weatherby Magnum, 8 x 68 S, 8 mm Rem. Magnum, .308 Norma Magnum, 9, 3 x 64, 9, 3 x 74 R
Wildschwein, Elaphe-Hirsch, Damwild, Virginiahirsch, Schwarzbär, Ren	.30-06 Springf., .280 Rem., 7 mm Rem. Mag., 7 x 66 SE, 7 x 64, 9, 3 x 62, 7 x 65 R, 7 x 57 (+ „R“), .284 Win., 8 x 57 JS (+ „JRS“), .308 Win., .300 Win. Mag., .30 R Blaser
Muffelwild, Gamswild, Steinbock, Bergziege, Dallschaf	.270 Win., .280 Rem., .284 Win., .7-08 Rem., .308 Win., .264 Win. Mag., .25-06, 6, 5 x 57 (und „R“), .260 Rem. Mag., .243 Win., 7 x 64, 7 x 65 R, 7 x 57 (und „R“), 7 mm Rem. Mag., 6 x 62 (und „R“) Frères, 6 mm Rem., 6, 5 x 65 RWS
Rehwild	.243 Win., .270 Win., 7 x 57 (R), 7 x 64, 7 x 65 R, 6, 5 x 57 (und „R“), 6 x 62, .22/250 Rem., .25-06, 5, 6 x 57, .222 Rem., 5, 6 x 50 (und „R“) Magnum, 5, 6 x 52 R
Fuchs	.22 Hornet, .222 Rem., 5, 6 x 50 (R) Magnum, .22/250 Rem., .220 Swift, .22 Magnum (ringförmige Bohrung)
Kleinwild wie Taube, Kaninchen, Krähe	.22 Hornet, .17 Rem., .22 Magnum (ringförmige Bohrung), .22 lfB

Eine Auswahl an Großwildkalibern, die auch Ernest Hemingway gefallen hätten.

Angefangen bei einfachen Faustkeilen fertigt der Mensch seit Jahrtausenden Waffen; man kann hier von einem der ältesten „Industriezweige“ der Welt überhaupt sprechen.

An Jagdwaffen wurden schon immer neue jagdpraktische Anforderungen gestellt, so daß sich Technik und Know-how in der Jagdwaffenschmiedekunst ständig weiterentwickelt haben. Aus diesem Grund stehen Jagdwaffen heute auf einem sehr hohen Leistungsniveau.

Für viele Jäger haben Waffen einen hohen Liebhaberwert, andere sehen darin nur ein unverzichtbares Werkzeug für die Jagdausübung, das in erster Linie zweckmäßig und funktionstüchtig sein muß. Jedem das Seine!

Für große Tiere: von der .600 bis zur 9,3 x 64.

DIE JAGDHUNDE

Gesundheit

Der Jagdhund bewegt sich viel in freiem Gelände, deshalb sind die Gefahr eines Parasitenbefalls und das Infektionsrisiko bei ihm besonders groß.

Einige Viren und bakterielle Erkrankungen können heute durch Impfung vermieden werden, auch gegen interne und externe Parasiten bietet die moderne Pharmakologie wirksame Mittel. In Übereinstimmung mit den Vorschriften des jeweiligen Landes kann der behandelnde Tierarzt den Hund gegen bestimmte Krankheiten impfen und ihn zumindest gegen äußere Parasiten vorbeugend behandeln.

PARASITEN

Die gängigsten externen Parasiten sind Zecken, Räudemilben und Flöhe. Zum einen greifen sie die Gesundheit des Hundes an, zum anderen können sie andere Parasiten oder Krankheiten übertragen. Man weiß zum Beispiel, daß ein Hund durch Flöhe Bandwürmer bekommen kann und daß Zecken die zunehmend auftretende Lyme-Borreliose übertragen. Zu den häufigsten internen Parasiten zählen Spul- und Bandwürmer.

INFEKTIONS-KRANKHEITEN

Staupe

Diese ansteckende Krankheit, vor der sich viele Hundezüchter lange Zeit fürchteten, befällt hauptsächlich Welpen, aber auch ältere Hunde. Erste Symptome sind in der Regel Husten, Bindehautentzündung und Erbrechen. Vor allem beim erwachsenen Hund kann es in der Folge zu Nervenstörungen kommen, die sich auf die Lunge, den Magen-Darm-Trakt oder die Haut auswirken und schlimmstenfalls zum Tod führen. Die Erstimpfung gegen Staupe erfolgt im Alter von zwei Monaten und die erste Folgeimpfung einen Monat später.

Parvovirose

Sie ist eine Form der viralen Magen- und Darmentzündung. Vor allem sechs bis zwölf Wochen alte Welpen sind davon betroffen, doch auch ältere Hunde können daran erkranken.
Sie beginnt mit Fieber, Erbre-

Schon vor der Entwöhnung muß der Welpe entwurmt werden.

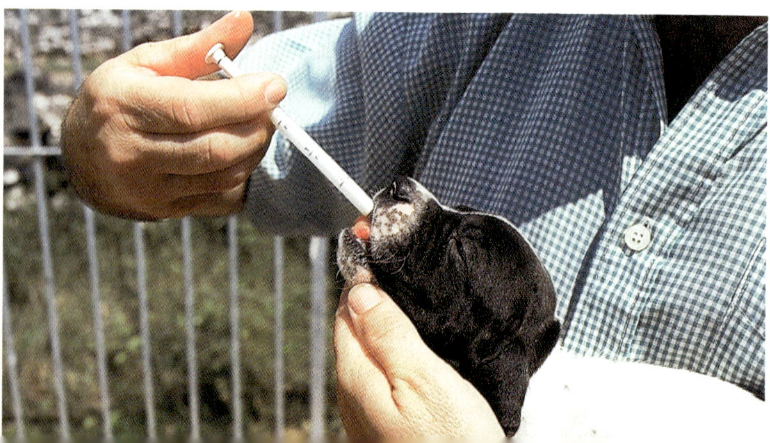

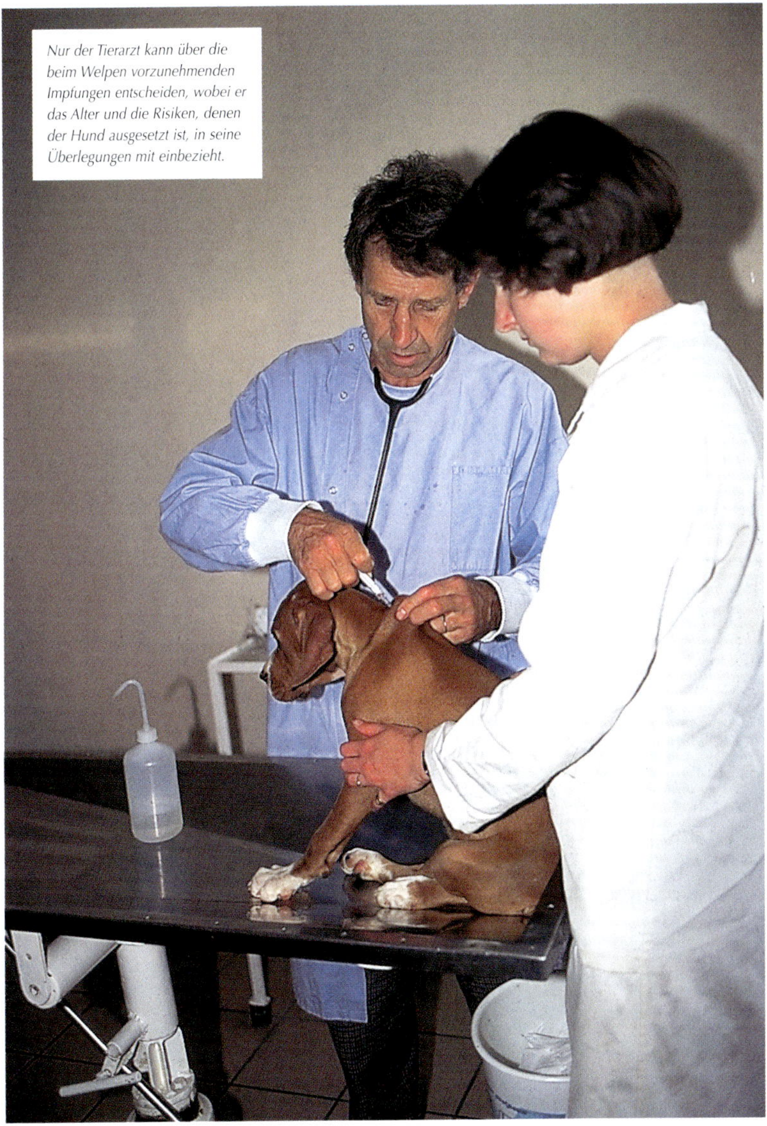

Nur der Tierarzt kann über die beim Welpen vorzunehmenden Impfungen entscheiden, wobei er das Alter und die Risiken, denen der Hund ausgesetzt ist, in seine Überlegungen mit einbezieht.

chen und sehr übelriechendem, blutigem Durchfall, der die Tiere stark austrocknet und rasch zum Tod führt. Die Impfung wird in Kombination mit der Staupeimpfung durchgeführt.

Leberentzündung
Auch Hepatitis contagiosa canis ist eine Viruserkrankung. Sie kommt häufig bei Welpen vor und äußert sich durch Fieber, eine Magen- und Darmentzündung sowie manchmal eine Bindehautentzündung. Diese Krankheit ist für den Hund nur selten tödlich – das Tier wird meist innerhalb weniger Tage wieder gesund. Die Impfung gegen Leberentzündung erfolgt zusammen mit der Staupe- und der Parvoviroseimpfung.

Leptospirose
Hierbei handelt es sich um eine ansteckende bakterielle Erkrankung, die durch den Urin infizierter Ratten oder durch Aufnahme von mit diesem Urin verseuchtem Wasser übertragen wird. Symptome sind Leber- oder Verdauungsstörungen mit Erbrechen und blutigen Durchfällen, aber auch Nierenfunktionsstörungen und Gelbsucht.
Die Impfung ist deshalb ebenso wie jährliche Auffrischung zum wirksamen Schutz des knapp zwei Monate alten Welpen unbedingt notwendig.

In der Natur lauern tausend Gefahren für den Hund, etwa diese Zecken.

Lyme-Borreliose
Diese Krankheit wird von Bakterien verursacht und von Zecken übertragen. Symptome sind hohes Fieber, große stark gerötete Hautbezirke und Lahmheit durch Gelenkentzündungen. Bei schneller Diagnose wirken einige Antibiotika gut, Folgeschäden sind aber verbreitet. Seit kurzem gibt es einen Impfstoff gegen Borrelien. Vor Zeckenbissen kann man den Hund durch Zeckenhalsbänder, entsprechende Sprays und Knoblauch im Futter bis zu einem gewissen Grad schützen.

Zwingerhusten
Diese durch Viren und Bakterien bedingte hoch anstekkende Atemwegserkrankung mit manchmal tödlichem Verlauf tritt vor allem in großen Zwingern, Hundepensionen und Zuchten auf. Ein Hund kann sie aber jederzeit bekommen, wenn er Kontakt zu anderen Hunden hat. Die Erstimpfung gegen Zwingerhusten erfolgt im Alter von zwei Monaten, die erste Wiederholungsimpfung einen Monat später; danach sollte jährlich geimpft werden.

Tollwut
Dies ist mit Fug und Recht die einzige Krankheit, für die

DIE PHYSIOLOGISCHEN DATEN DES HUNDES

Rektaltemperatur: 38-39 °C.

Atemfrequenz: 10-40 pro Minute.

Puls: 70-160 beim erwachsenen Hund, bis zu 200-220 beim Welpen.

Pubertät (Durchschnittsalter): 7-10 Monate beim Rüden, 6-12 Monate bei der Hündin.

Läufigkeit: in der Regel zweimal pro Jahr, durchschnittliche Dauer: 12-21 Tage.

Günstigste Zeit zum Decken: zwischen dem neunten und dreizehnten Tag der Läufigkeit.

Tragzeit: 57-63 Tage.

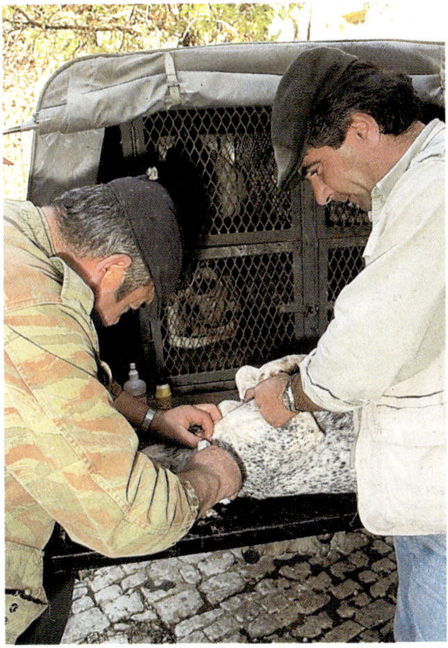

Der Jagdhund ist einem erhöhten Verletzungsrisiko ausgesetzt. Manchmal ist die Erstversorgung durch den Jäger lebensnotwendig!

es international gültige Impfvorschriften gibt. Der Tollwutvirus kann durch Biß, Belecken oder Kratzen übertragen werden. Beim Hund gibt es zwei Formen dieser Krankheit. Die erste, klassische Form, die „Rasende Wut", ist zum Glück relativ selten: Das befallene Tier wird aggressiv, hat Schaum vor dem Mund, kann nur mühsam schlucken und stirbt einige Tage nach dem Auftreten der Symptome. Bei der paralytischen Tollwut, auch „Stille Wut" genannt, gibt es unterschiedliche Symptome wie Magen- und Darmentzündung, Zittern und Lähmungen, die an den Hinterläufen beginnen. Die Lähmung erreicht später auch die Kiefer, doch wird das Tier nicht aggressiv.
Diese Form der Tollwut kommt häufiger vor und ist für den Menschen besonders gefährlich, da sie nur am toten Tier diagnostizierbar ist. Deshalb ist die jährliche Impfung gegen diese Krankheit äußerst wichtig.

Ernährung

Durch die Entwicklung von Trockenfutter ist die Ernährung des Hundes heutzutage recht einfach.

Der Jagdhund leistet viel körperliche Arbeit. Deshalb ist eine strenge und konsequente Ernährungskontrolle besonders wichtig, um ihn rundherum fit und kerngesund zu halten.

DIE ERNÄHRUNGS-GEWOHNHEITEN

Die Freßgewohnheiten des Hundes werden hauptsächlich in den letzten Wochen vor der Entwöhnung geprägt. Dies ist der richtige Zeitpunkt, um den Welpen an das Futter heranzuführen, das er später bekommen soll. Der Übergang von der Muttermilch zu fester Nahrung sollte sich über einen Zeitraum von mindestens drei Wochen erstrecken und kann im Alter von drei bis vier Wochen beginnen. Die allmähliche Umstellung hat den Sinn, das Auftreten von Durchfällen zu verhindern und die Verdauungsenzyme langsam an die Aufnahme der neuen Nahrung zu gewöhnen. Der Welpe sollte während der Umstellungsphase zunächst drei bis maximal vier Mahlzeiten pro Tag bekommen.

Wenn der junge Hund ausgewachsen ist, bekommt er nur noch einmal pro Tag Futter, vorzugsweise am Abend, so daß er während der Nacht in Ruhe verdauen kann. Seine Ernährung sollte ausgewogen und dem individuellen Nährstoffbedarf angepaßt sein und sich nicht nach menschlichem Geschmack richten, wenngleich sich der Hund tatsächlich jahrtausendelang von den Abfällen des Menschen ernährt hat.

Heute sieht seine optimale Ernährung jedoch völlig anders aus. Natürlich wird selbst zubereitetes frisches Futter noch immer gern gegeben. Um jedoch eine ausgewogene Ernährung zu gewährleisten, muß man den Bedarf seines Vierbeiners kennen und über den Nährwert der verwendeten Zutaten Bescheid wissen. Konsequenz bei der Fütterung und einschlägiges Wissen sind dazu notwendig. Die Zusammenstellung des Futters hängt vom aktuellen Zustand des Hundes ab und ist entsprechend variabel. Auch sein Freßverhalten spielt dabei eine Rolle – ob er große Mengen auf einmal hinunterschlingt oder seinen Napf lieber nach und nach leert.

Ein Welpe braucht zunächst noch drei bis vier Mahlzeiten pro Tag.

Für die Leistungsfähigkeit des Jagdhundes ist eine ausgewogene Ernährung von großer Bedeutung.

Die entwöhnten Welpen brauchen ganz regelmäßige Fütterungszeiten.

EINE SCHNELLE ENTWICKLUNG

Ab Mitte des 19. Jahrhunderts begann man, Hunden regelmäßig Fleisch zu füttern, doch erst im Laufe des 20. Jahrhunderts wurde die Ernährung des Hundes ausgewogener, vor allem durch die Zugabe von grünem Gemüse, Knochenmehl und Lebertran. Nach dem Zweiten Weltkrieg entwickelte man nährstoffreiches Fertigfutter, dessen Zusammensetzung sich nach den tatsächlichen Bedürfnissen des Tieres richtet und das leicht zu lagern ist. Selbst wenn Fertigfutter im Vergleich zu Frischfutter relativ teuer erscheint, stellt es doch die ausgewogenste Form der Hundeernährung dar.

AUSGEWOGENES FUTTER

Die Tierfutterhersteller richten sich nach international gültigen Normen, mit denen der Kaloriengehalt sowie der Anteil an Proteinen, Fetten, Kohlenhydraten, Vitaminen, Mineralstoffen und Spurenelementen festgelegt sind, die im Futter enthalten sein sollten, um den Nährstoffbedarf eines Hundes zu decken. Untersuchungen in den Labors der Futterhersteller sowie an den veterinärmedizinischen Fakultäten der Uni-

Eine gute Ernährung des Hundes erleichtert auch seine Erziehung.

versitäten unterstützen die Entwicklung von Futter, das dem Bedarf während der verschiedenen physiologischen Stadien im Leben eines Hundes angepaßt ist. Industriefutter, das zudem wesentlich einfacher zu handhaben ist als selbst zubereitetes Futter, garantiert eine gewisse Verdauungsstabilität. Wenn man einen großen Hund oder mehrere kleine Hunde hat, ist Fertigfutter übrigens günstiger als hausgemachtes Fressen. Dosenfutter ist in der Regel weniger konzentriert als Trockenfutter. Ein Hund braucht im Durchschnitt dreimal mehr Naßfutter als Trockenfutter, um satt zu werden. Allerdings muß das Tier, wenn es Trockenfutter bekommt, immer ausreichend frisches Wasser zur Verfügung haben. Bei der Ernährung mit Trockenfutter setzt der Hund weniger Kot ab, der zudem fester und nicht so geruchsintensiv ist.

Dosenfutter ist leicht zu lagern. Man kann es auch zusätzlich zu frischer Nahrung oder Trockenfutter geben.

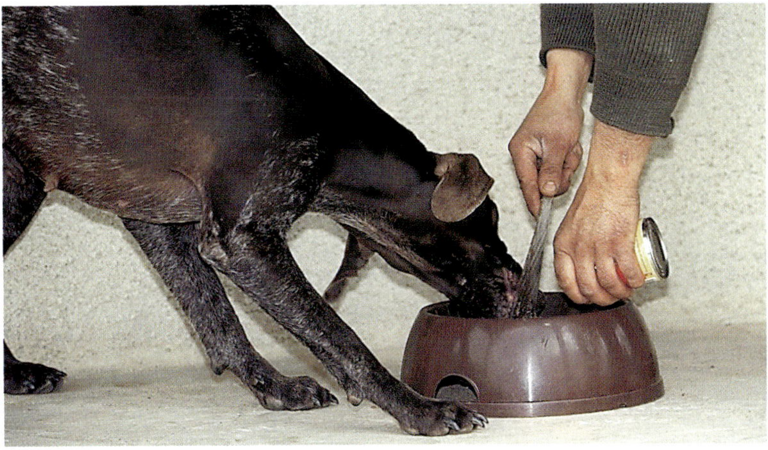

Ausbildung

Die Ausbildung des Hundes ist für die meisten Jäger eine Pflicht, zugleich aber auch eine besondere Freude. Sie muß allerdings richtig angegangen werden.

Ein gut ausgebildeter Hund ist ein Erfolgsgarant bei der Jagd.

Wer viel jagdpraktische Erfahrung hat, ist deshalb nicht automatisch ein guter Hundeführer. Bei der Ausbildung des Junghundes geht es darum, das instinkthafte Verhalten des Tieres auszunutzen, es aber so zu steuern, daß es bei der Jagd sinnvoll eingesetzt werden kann. Auch wenn der Hund vielleicht niemals perfekt wird, ist das Ziel ein enges Vertrauensverhältnis zwischen Herr und Hund, das über Jahre bestehen soll.

DAS NOTWENDIGE KNOW-HOW

In der Praxis dürfen die einzelnen Ausbildungslektionen nicht zu rasch hintereinander „durchgezogen" werden. Man muß dem Hund die Zeit geben, jeden Schritt seiner Erziehung wirklich zu verinnerlichen, bevor man mit der nächsten Lektion beginnt. Das Wichtigste bei der Erziehung des Hundes ist, sich sein Vertrauen zunutze zu machen und es möglichst nicht zu enttäuschen. Für jede Übung muß es einige Schlüsselworte und -gesten geben, die der Hund natürlich erst dann kennt, wenn sie ihm beigebracht wurden. Man muß sich darüber im klaren sein, daß es absolut unnütz, ja sogar schädlich ist, sich zu irgendeiner aggressiven Reaktion hinreißen zu lassen. Das Tier wird nur verunsichert und verknüpft unter Umständen die jeweilige Übung mit dem Zorn seines Herrn. Befehle können dem Hund akustisch durch Worte, Pfiffe, eventuell Jagdhorntöne oder optisch durch Gesten gegeben werden. Worte und Gesten reichen anfangs völlig. Ein Kommando sollte so kurz wie möglich sein und die Wörter immer die gleichen. Befehle müssen konsequent durchgesetzt werden – allzu schnell nutzen sie sich sonst ab.

Der professionelle Hundeausbilder spart Zeit. Vertrauen zwischen späterem Herrn und Hund kann er jedoch nicht aufbauen!

Gehorsam ist der Grundstein jeder Ausbildung und entscheidet über die jagdliche Brauchbarkeit des Hundes.

Die Ausbildung vertieft die Beziehung zwischen dem Jäger und seinem zukünftigen Begleiter.

EINE EISERNE HAND IM SAMTHANDSCHUH

Die Belohnung ist ein ganz wichtiges Werkzeug bei der Ausbildung des Hundes. Auch wenn sie gerne durch eine Leckerei ausgedrückt wird, sollte man sie immer mit einem Streicheln und mit lobenden Worten verbinden.

Man darf es dabei aber auch nicht übertreiben. Ein anderes wichtiges Element in der Ausbildung des Hundes ist die (körperliche) Strafe. Sie darf aber nur dann zum Einsatz kommen, wenn der Hund sie richtig verknüpfen kann. Dies ist zum Beispiel bei der Verweigerung einer Übung der Fall, die er längst gut beherrscht. Strafe darf nie dazu dienen, den Hund zu etwas zu nötigen, was er noch nicht kann, oder gar dazu, ihm etwas begreiflich zu machen. Die Bestrafung muß immer unmittelbar erfolgen sowie kurz sein. Bei ganz sensiblen Hunden kann auch eine scharfer Tadel oder ein Zurückweisen schon ausreichen. Wenn Sie Ihren Vierbeiner zum Beispiel in den Zwinger sperren, um ihn zu bestrafen, kann es passieren, daß er die Strafe nicht mit seinem Fehlverhalten, sondern mit dem Zwinger verbindet. Solche „Mißverständnisse“ gilt es unbedingt zu vermeiden!

GUTES EINFÜHLUNGSVERMÖGEN

Die Ausbildung eines Hundes für die Jagd ist, ganz gleich, um welche Rasse es sich han-

Mit dem „Dummy“ wird der Hund auf das Bringen von Wild vorbereitet.

Fährtenschuhe für Schweißschlepper.

delt, in der Regel nicht besonders problematisch. Allerdings muß man sehr einfühlsam vorgehen, um Erziehungsfehler zu vermeiden. Das Schwierigste bei der Hundeerziehung ist, sich selbst darüber klar zu werden, was genau seine Aufgabe sein soll. Es ist sinnlos, die Dressur zu beginnen, ohne vorher die genauen Ziele festgelegt zu haben. Allerdings wird diese Arbeit oft dadurch vereinfacht, daß manche Rassen mit bestimmten natürlichen Fähigkeiten ausgestattet sind, die das Ziel von vornherein vorgeben. Die einzige Regel, die bei der Ausbildung jedes Hundes für die Jagd zu beachten ist, lautet, ihn so oft wie möglich in praxisnahe Situationen zu bringen. Das theoretische Lernen ist eine gute Sache, kann jedoch die praktische Erfahrung niemals ersetzen.

Hunde darf man nicht einfach aus dem Auto springen lassen.

Terrier und Teckel

Terrier und Teckel sind kleinwüchsige Hunderassen, die aber jagdlich sehr vielseitig einsetzbar sind.

Die meisten Terrierrassen stammen ursprünglich aus Großbritannien. Einige von ihnen gelten heute auch schon als ideale Familienhunde – nicht zuletzt, weil sie so pflegeleicht sind. Für die wichtigsten Rassen bestehen jedoch weiterhin jagdliche Leistungszuchten, die Hunde mit ungeheurer Jagdpassion hervorbringen. Weit verbreitet ist nach wie vor der Foxterrier, den es in zwei Schlägen gibt: als Glatthaar- und als Rauhhaar-Foxterrier. Bei beiden handelt es sich um einen kleinen, energischen Hund, der vor allem für die Baujagd gezüchtet wird. Er ist treu, mutig, in der Regel sehr raubwildscharf und kommt bei vielen verschiedenen Jagdarten zum Einsatz, wobei er sich auch unter größeren Jagdhunden durchaus zu behaupten weiß.

DER FOXTERRIER

Die Baujagd auf den Fuchs ist die Spezialität des Foxterriers. Es gibt etliche Zuchtlinien, die auf diesem Gebiet ganz ausgezeichnete Hunde hervorgebracht haben, so daß Freunde der Baujagd kaum Schwierigkeiten haben dürften, einen geeigneten Helfer zu erwerben. Bei dieser Jagd muß er seinen Mut und seine Raubwildschärfe unter Beweis stellen. Der Fuchs ist dem Terrier körperlich ebenbürtig und nicht immer sofort zum Rückzug bereit. Da der Führer nicht helfen kann, ist der Vierbeiner ganz auf sich selbst gestellt. Hat der Fuchs die anstehenden Jäger wahrgenommen, liefert er dem Hund in der Regel einen erbitterten Kampf. Der scharfe Terrier sprengt ihn meist dennoch aus dem Bau – nicht selten zum Preis von ein paar Blessuren. Wenn im vermeintlichen Fuchsbau allerdings ein Dachs steckt, kann die Sache für den Hund sehr schlecht ausgehen...
Neben der Baujagd ist der Foxterrier für weitere Aufgaben geeignet, zum Beispiel die Stöberjagd im Wald auf Schalenwild. Vor allem auf Schwarzwild werden die

Terrier und Teckel sind kleine, aber sehr vielseitige und robuste Hunde.

Der Deutsche Jagdterrier ist sehr leistungsfähig und vielseitig einsetzbar. Immer beliebter wird auch der Parson Jack Russel Terrier.

rabiaten Hunde, oft in Meuten, gerne eingesetzt. Bei entsprechender Einarbeitung sind sie auch auf der Wundfährte die richtige Wahl.

WEITERE TERRIERRASSEN

In Deutschland, wo die Drückjagd auf Schalenwild eine große Bedeutung hat, ist der hier herausgezüchtete schwarz-braune Deutsche Jagdterrier unter Jägern noch verbreiteter als der „Fox". Als Bau-, Stöber- und Schweißhund steht er letzterem in nichts nach. Tendenziell ist er aber noch schärfer an Schwarz- und Raubwild. Er hat mittlerweile auch im Ausland viele Anhänger gefunden. Zu den anderen Terrierrassen, die ebenfalls bei der Jagd eingesetzt werden, gehört der Jack Russel Terrier, der inzwischen auch in Deutschland zunehmend verbreitet ist. Zu nennen wäre außerdem der Welsh Terrier. Ausnahmen bestätigen auch bei den Terriern die Regel: Der Airedale Terrier wird immer seltener bei der Jagd eingesetzt. Mit einer Schulterhöhe von mehr als 60 cm ist er die einzige große Terrierrasse und ein durchaus brauchbarer Hochwildjäger.

DER DACKEL

Die zweite große Gruppe der niederläufigen Jagdhunde bilden die Teckel oder – in Nichtjägerkreisen – Dackel. Die Unterscheidung zwischen Familienhundzuchten und jagdlichen Leistungszuchten ist bei ihnen besonders ausgeprägt. Es gibt Teckel in drei Größen, drei Schlägen und drei Farben, was für zahlreiche Variationen sorgt. Sie sind eine sehr alte Jagdhunderasse, die ursprünglich in Deutschland aus Niederläufigen Bracken herausgezüchtet und schon sehr früh streng und konsequent selektiert wurden.

Der Rauhhaar-Foxterrier ist robust und meistert schwierige Situationen bei der Jagd problemlos!

Der Langhaardackel wird jagdlich weniger geführt. Aus jagdlicher Zucht stammend ist er ein guter Jagdhund!

Der Kurzhaardackel ist der rassetypische „Urahn“ der großen Teckelfamilie.

Teckel sind meist verläßlich spurlaut. Sie eignen sich wegen ihrer naturgemäß geringen Geschwindigkeit vor allem als Stöberhunde in dichtem Strauchwerk und dort, wo enger abgestellt werden muß und Schalenwild trotzdem die anstehenden Schützen möglichst vertraut anwechseln soll. Auch für die Nachsuche auf angeschweißtes Schalenwild sind sie hervorragend geeignet. Zudem werden Teckel seit jeher bei der Baujagd auf den Fuchs eingesetzt. Diesem Einsatzbereich verdanken sie die heute veraltete Bezeichnung „Dachshund“.

Klein, aber „oho“

Dem ursprünglichen Rassetypus entspricht der Schlag des Kurzhaarteckels, der von niederläufigen Laufhunden (Bracken) abstammt, die in den Ardennen und im gesamten Alpenraum beheimatet sind. Ihre bekannteste Vertreterin ist die Alpenländische Dachsbracke. Der Langhaardackel entstand später durch Kreuzung mit kleinen Spaniels. Der Rauhhaardackel schließlich ist das Produkt der Einkreuzung britischer Terrier im 19. Jahrhundert. Für alle Teckel gibt es nur einen einzigen Rassestandard. Er wurde 1925 vom deutschen Rasseverband festgelegt und 1947 vom Internationalen Kynologischen Dachverband (FCI) mit Sitz in Belgien anerkannt.

Wie bereits beschrieben, sind Teckel sehr vielseitig jagdlich einsetzbar. In dem Maße, in dem die Pflicht zur Nachsuche in Westeuropa Eingang in die Jagdethik fand, wurde auch ihre Eignung auf der Wundfährte bekannt. Nach speziellen jagdlichen Verwendungszwecken werden Teckel außerdem in drei verschiedenen Größen gezüchtet: Am häufigsten und jagdlich vielseitigsten ist der „klassische“ Teckel. Der Zwergteckel ist etwas kleiner und entsprechend besser für die Baujagd als für die Stöberjagd geeignet.

Der kleinste Vertreter ist schließlich der Kaninchenteckel. Wie der Zwergteckel wird er jagdlich wenig geführt und stößt als Stöberhund bei der Winterjagd in steilen und schneereichen Lagen noch schneller an seine körperlichen Grenzen als die größeren Rassen.

Je nach Größe und Schlag sind Teckel verschieden gefärbt: Einfarbig rotbraune Hunde herrschen bei den „normal großen“ und jagdlich wenig verbreiteten Langhaarteckeln vor; schwarze Hunde mit roten Abzeichen findet man unter Rauhhaar- und seltener Langhaarteckeln; saufarbene (grau-braun melierte) Hunde herrschen bei Zwerg- und Kaninchenteckeln vor, sind aber auch bei „normalen“ Teckeln häufig.

Nordische Jagdhunde und Urtyp-Hunde

Körperbau und Jagdtechniken dieser Hunde sind nach wie vor recht ursprünglich.

Vorwiegend Elche werden mit Nordischen Hunden bejagt.

Nordische Jagdhunde und Urtyp-Hunde, die wie Wölfe Stehohren haben, stammen aus Ländern, in denen die Jagd unter extremen Bedingungen praktiziert wird. Da ihre Ursprungsgebiete relativ isoliert liegen und es somit kaum Vermischungen mit anderen Rassen gegeben hat, hat sich ihr Aussehen im Laufe der Zeit kaum verändert. Man trifft diesen Hundetypus sowohl im äußersten Süden Europas als auch in den skandinavischen Ländern und sogar in Sibirien an.

DIE ELCHHUNDE

Unter den Nordischen Jagdhunden ist der Norwegische Elchhund der meistverbreitete; seine Ursprünge gehen bis auf die Wikinger zurück. Er ist ein kompakter und relativ kurz gebauter Hund. Sein Fell ist üppig, lang und rauh. Ursprünglichkeit und Authentizität der Rasse trugen sicher auch zur ihrer schon sehr frühen Anerkennung bei. 1865 wurde der erste Rüde ins Stammbuch eingetragen. Zu den Elchhunden zählt weiter der Schwedische Jämthund, der ebenfalls über Skandinavien hinaus verbreitet ist und seit Beginn des 20. Jahrhunderts auch in den USA gezüchtet wird. Weniger bekannte, aber trotzdem sehr interessante Rassen sind der Schwarze Norwegische Elchhund und der Karelische Bärenhund.

Robuste Jäger

Der Norwegische Elchhund und der Jämthund werden bei der Elchjagd auch als „Leithunde“ an der Leine geführt. Meist aber setzt man Elchhunde als frei suchende „Loshunde“ ein. Hierbei müssen sie das Wild so lange stellen und verbellen, bis der Jäger hinzukommt. Bei dieser Jagdmethode beweisen die Hunde ihre Ausdauer und ihren Mut. Generell sind sie verläßliche Helfer, aber nicht unterwürfig.

Der Körperbau der Elchhunde ist gut an das Leben in gebirgigen Regionen und dichten Nadelwäldern mit felsigem Boden angepaßt.

Der Karelische Bärenhund wird, wie sein Name schon sagt, zur Bärenjagd eingesetzt. Wie alle Elchhunde eignet sich aber auch er zur Jagd auf Elch, Rentier und Rothirsch. Darüber hinaus kommt er in Zentraleuropa auf Schwarzwild zum Einsatz. Die Nachsuchenarbeit zählt ebenfalls zu den Aufgaben der Elchhunde. Alles in allem sind diese Hunderassen leidenschaftliche Jäger.

Der Nordische Jagdhund – ein leidenschaftlicher und ausdauernder Jäger, der sich perfekt an die extremen Bedingungen seiner Heimat angepaßt hat.

Der Karelische Bärenhund kommt nicht nur bei der Bärenjagd zum Einsatz, sondern eignet sich auch hervorragend für die Jagd auf Wildschweine, Elche und Rothirsche.

Der Podengo Portugués ist ein sehr vielseitiger und agiler Hund.

PODENCOS UND PODENGOS

Die andere große Familie der Jagdhunde mit Stehohren wird vor allem durch den Spanischen Pondenco und den Portugiesischen Podengo repräsentiert. Sie gehören auch in die berühmten Meuten der Monterías, der Stöberjagden auf der Iberischen Halbinsel. Diese Rassen stammen wahrscheinlich aus Afrika, weswegen sie lange Zeit mit den Windhunden in Verbindung gebracht wurden. Von diesen unterscheiden sie sich jedoch in vielen morphologischen Details. Obwohl auch sie sehr elegant und von schlankem und trokkenem Körperbau sind, ist ihr Hals doch kürzer und ihr Kopf stärker als bei den Windhunden.

Elegante und lebhafte Jäger

Podencos und Podengos unterscheiden sich auch durch ihre Art zu jagen von Windhunden. Im Gegensatz zu diesen jagen sie nicht mit den Augen, sondern mit der Nase, um Wild hochzuscheuchen oder zu verfolgen. Ein anderes Charakteristikum dieser Jagdhunde vom Urtyp ist, daß sie nur sichtlaut sind. Besonders auffällig aber ist ihre Art der Fortbewegung, bei der sie hohe Sprünge aus dem Stand vollführen können. Dies ist bei der Jagd in der dornigen Vegetation ihrer Ursprungsländer von großem Nutzen. Ihre aufgerichteten und sehr beweglichen Ohren sind zudem sehr empfindlich und nehmen auch das leiseste Rascheln im Gebüsch wahr. Mit ihrer extrem feinen Nase

Da die Podencos und die Podengos aus sehr heißen und trockenen Ländern stammen, macht ihnen glühende Hitze auch bei der Jagd nichts aus.

können die Hunde das Wild dann schnell ausmachen.

Auf jedes Wild einsetzbar

Traditionell setzt man Podencos und Podengos bei der Kaninchenjagd ein, sie sind jedoch auch zur Jagd auf Hoch- und Schalenwild sehr geschätzt. Bei den großen Monterías, den Stöberjagden, kommen bis zu hundert Hunde zusammen, wovon in Spanien ungefähr die Hälfte Podencos und in Portugal Podengos sind. Der Podenco Ibicenco stammt von den Balearen, der Podenco Canario von den Kanaren. Den Podenco Ibicenco gibt es in zwei verschiedenen Schlägen, mit kurzem und mit rauhem Haar – ebenso den Podengo Portugués. Dieser tritt darüber hinaus aber noch in drei verschiedenen Größen auf. Das erleichtert es dem Jäger natürlich sehr, für seine jagdlichen Zwecke den passenden Hund zu finden.

Bei den Monterías kommen die großen Podengos zusammen mit Packerhunden in Meuten von bis zu 100 Tieren zum Einsatz.

Laufhunde und Bracken

Diese Hunde haben zum Teil eine jahrhundertealte Tradition. Viele Jagdhunderassen sind auf Laufhunde und Bracken zurückzuführen.

Der Schweizer Laufhund arbeitet wie alle Laufhunde und Bracken mit tiefer Nase.

Die Grenzen zwischen Laufhunden und Bracken sind fließend und die Bezeichnungen von Land zu Land verschieden. In Deutschland und Österreich unterscheidet man Bracken und niederläufige Bracken. Laufhunde werden in Deutschland, den Ländern Nordeuropas, in Zentral- und in Osteuropa sowie in Nordamerika vorwiegend einzeln eingesetzt, in West- und Südeuropa sind hingegen Meuten nicht selten, die manchmal aus bis zu hundert Tieren bestehen.

Die meisten (und größten) Laufhunderassen, 27 an der Zahl, gibt es in Frankreich. Niederläufige Rassen werden dort als „Basset" bezeichnet. Bracken und niederläufige Bracken findet man vor allem in Deutschland und Österreich (unter „Braque" versteht der Franzose wiederum nicht Bracken, sondern kurzhaarige Vorstehhunde!). Von ehemals fünf hochläufigen Schweizer Laufhundeschlägen ist heute nur noch eine Rasse mit vier Varietäten erhalten. Ferner gibt es auch Schweizer Niederlaufhunde.

Unter den modernen Laufhunden ist die in der ganzen Welt am meisten verbreitete Rasse der Beagle, der vielfach allerdings als Familienhund gehalten wird. Die Rasse ist sehr alt, sah vermutlich aber nicht immer so aus wie heute: Der gültige, vom britischen Kennel-Club verfaßte Standard im Hinblick auf die Zuchtbestimmungen stammt nämlich erst aus dem Jahre 1987.

DER BEAGLE: EIN BEINAHE UNIVERSELLER LAUFHUND

Der Beagle ist ziemlich aktiv, aber nicht übernervös. Seine

Der Beagle zählt zu den englisch-amerikanischen Bracken.

besondere Spezialität ist nach wie vor die Hasenjagd, denn hierfür wurde er gezüchtet. Er bewährt sich aber bei der Jagd auf alle Haarwildarten und kann sowohl alleine als auch in der Meute arbeiten. Auf Fuchs und Wildschwein ist er geeignet, weil er noch das dichteste und dornigste Dickicht zu durchstöbern vermag. Kurz: ein mutiger, robuster Hund mit guter Nase und vollem, häufig etwas heiseren Laut. Zu seinen angenehmen Eigenschaften zählt auch die meist gute Führigkeit.

Der Griffon Bleu de Gascogne ist der rauhhaarige „Bruder" des Petit Bleu de Gascogne.

DIE VIER BLEUS DE GASCOGNE: FEINE NASE UND KRÄFTIGER LAUT

Unter den zahlreichen französischen Laufhunderassen bilden die Bleus de Gascogne die kompletteste Familie überhaupt. Auch außerhalb ihres Ursprungslandes sind sie recht bekannt für ihren kräftigen Laut und ihre feine Nase – beides Charakteristika der meisten französischen Laufhunde. Die Bleus sind auch diejenigen, die ihren ursprünglichen Charakter am besten bewahrt haben. Über die „blauen Hunde" gibt es bereits seit dem 14. Jahrhundert schriftliche Zeugnisse. Ab diesem Zeitpunkt kann man die Spuren der Rasse bis in die Gegenwart verfolgen. Im 19. Jahrhundert begannen dann einige Züchter mit einer strengeren Selektion in Richtung der heutigen Erscheinung der Bleus de Gascogne. Das Skelett der Hunde wurde ausgewogener und ihr Gewebe straffer. Insbesondere beim Grand Bleu de Gascogne – quasi dem Familienoberhaupt – konnte man dies beispielhaft beobachten.

Hervorragende Stöberhunde

Bei der Jagd ist der Grand Bleu ein ausgesprochen spursicherer und spurwilliger Laufhund mit hervorragender Nase. Wenn er Fährte oder Spur aufgenommen hat, hebt er mitunter den Kopf und gibt Laut. Bisweilen läuft er lautgebend mehrere Meter mit erhobenem Kopf, bevor die Spur mit tiefer Nase weiterarbeitet. Der Bleu ist ein

Der Grand Gascon-Saintongeois hat die feine Nase und die kräftige Stimme aller großen französischen Laufhunde.

sehr agiler und einsatzfreudiger Laufhund, der vor allem für die Hasenjagd geeignet ist, sich aber auch bei der Jagd auf andere Wildarten bewährt.

Der Bleu de Gascogne ist der einzige Laufhund, von dem es vier Spielarten gibt: den großen Grand Bleu de Gas-

Der Briquet Griffon Vendéen ist wegen seines dichten Fells recht unempfindlich gegen Dornen.

cogne, die mittelgroßen Petit Bleus de Gascogne und Griffon Bleus de Gascogne (rauhhaariger Schlag) sowie den kleinen Basset Bleu de Gascogne. Die Schläge der Deutschen Bracke sind aufgrund der heutigen jagdlichen Gegebenheiten in ihrer Heimat deutlich weniger verbreitet als viele andere Jagdhunderassen. Gleichwohl sind es feinnasige, hervorragende Hunde, die sowohl beim Stöbern und Brackieren als auch auf Schweiß sehr brauchbar sind. Zu den höherläufigen Schlägen zählen die Olper oder Westfälische Bracke und die sehr seltenen Holsteiner und Hannoverschen Bracken. Vor allem für die Gebirgsjagd geeignet sind die sehr ausdauernden Varietäten des Schweizer Laufhundes: der Schwyzer Laufhund, der Berner Laufhund, der Luzerner Laufhund und der Bruno de Jura. Typische Gebirgsjäger sind auch die österreichischen Bracken: die Brandlbracke, die Tiroler Bracke und die Rauhhaarige Steirische Hochgebirgsbracke (Peintinger Bracke).

FRANZÖSISCHE BASSETS UND NIEDERLÄUFIGE BRACKEN

Die französischen Meutehunderassen wurden von jeher für diesen speziellen Einsatz gezüchtet. Sie zeichnen sich durch ihre große Disziplin und ihre Teamfähigkeit aus und werden entsprechend fast ausschließlich bei der Parforcejagd auf Hoch- oder Schalenwild eingesetzt. Diese Form der Jagd ist wie alle Formen der Hetzjagd in Deutschland und anderen Ländern verboten, wird in Frankreich aber nach wie vor ausgeübt. Die Einsatzmöglichkeiten der Meutehunde scheinen begrenzt – und doch gibt es mehr als 20 000 dieser Hunde in Frankreich.

Aus den großen und mittelgroßen Rassen wurden niederläufige Rassen herausgezüchtet, deren Ursprungsrassen heute bereits mehr oder weniger ausgestorben

Zwei Erzgebirgler Dachsbracken.

sind. Ganz gezielt setzte man besonders kurzläufige Exemplare zur Weiterzucht ein und festigte so diese Eigenschaft.
Dadurch entstanden die französischen Bassetrassen und die niederläufigen Brakkenrassen in Deutschland, Österreich und der Schweiz gemäß dem Bestreben, einen niederläufigen Laufhundetypus für ei-nige Formen der Jagd zu schaffen. In Frankreich existierte ab dem Ende des 19. Jahrhunderts in jeder Region, in der es eine eigene Laufhundefamilie gab, auch eine eigene Bassetrasse. Für manche dieser kurzläufigen Hunderassen gab es schon zu Beginn des 20. Jahrhunderts einen Rassestandard, die heute angewandten Zuchtrichtlinien wurden aber meist erst nach dem Zweiten Weltkrieg endgültig fixiert. Gegenwärtig erkennt der internationale Hundeverband FCI insgesamt acht Basset- und niederläufige Brackenrassen an: die Westfälische Dachsbracke aus Deutschland, die Alpenländische Dachsbracke aus Österreich, den Bassethound aus Großbritannien und fünf französische Rassen – den Basset Artésien-Normand, den Basset Bleu de Gascogne, den Basset Fauve de Bretagne sowie den Grand Basset Griffon Vendéen und den Petit Basset Griffon Vendéen. Die Klasse der niederläufigen Laufhunde umfaßt auch einige Rassen, die zwar nicht Basset heißen, aber die gleichen morphologischen Merkmale haben, wie zum Beispiel den schwedischen Drever.

FÜR DIE JAGD AUF GROSSE WIE KLEINE WILDTIERE GEEIGNET

Die niederläufigen Laufhunde und Bracken sind häufig vor allem wertvolle Helfer für Jäger, die nicht zu schnelle Hunde brauchen.
Ebenso spurlaut wie alle anderen Laufhunde, besitzen diese Rassen auch alle erforderlichen jagdlichen Eigenschaften.
Nicht nur wegen ihrer gerin-

Die ausdauernde Brandlbracke eignet sich sowohl für die Jagd auf Hasen und Rehe wie auch auf Wildschweine.

gen Grundgeschwindigkeit sind sie sehr gut zum Stöbern auf Drückjagden geeignet. Nachdem sie das Wild zuverlässig hochgescheucht haben, wechselt dieses den Jäger in der Regel relativ langsam an und läßt ihm Zeit für Ansprache und Schuß. Dies war jedoch nicht unbedingt das ursprüngliche Zuchtziel: Der britische Basset-Hound und der Grand Basset Griffon Vendéen zum Beispiel wurden gezüchtet, um den Hasen bei der Parforcejagd zu jagen, daß heißt, ihn zu Tode zu hetzen.

Auch heute noch gibt es in Frankreich einige Equipagen für die Parforcejagd auf Hasen, die erfolgreich hervorragende Bassetmeuten einsetzen. Wer sich für niederläufige Laufhunde oder Bracken interessiert, sollte sich über die Charakteristika der verschiedenen Arten und ihre jagdlichen Eigenheiten informieren.

Der Bruno de Jura war an der „Modernisierung" der alten Schweizer Rassen maßgeblich beteiligt.

DIE SCHWEISSHUNDE: EIN WERT, DER STEIGT

Der Name „Schweißhunde" stammt natürlich nicht vom Schwitzen, sondern von der unter Jägern üblichen Bezeichnung „Schweiß" für ausgetretenes Blut beim Wild. Diese Hunde sind also darauf spezialisiert, die Blutfährte, jagdlich ausgedrückt: die Schweiß- oder Wundfährte, von verletztem (angeschweißtem) Schalenwild aufzunehmen und zu verfolgen. Die deutschen Schweißhunderassen wie der Bayerische Gebirgsschweißhund und der Hannoversche Schweißhund sind ausgeprägte Spezialisten und mittlerweile auch in den Nachbarländern verbreitet, da die Nachsuche von verletztem Wild in vielen Ländern zum festen Bestandteil der Jagdethik geworden ist. Ihre besonderen Fähigkeiten verdanken diese Hunde einer rigorosen Selektion. Die Arbeit des Schweißhundes ist sehr alt, so findet man schon in einer Schrift aus dem Jahre 1379 wertvolle Ratschläge zu diesem Thema. Die beschriebenen Hunde waren von mittlerer Größe, ziemlich kompakt, mit einem starken Knochenbau; Schädel und Fang waren lang und ihr Behang nierenförmig; sie arbeiteten mit der Nase am Boden. Am meisten ähnelten sie dem Hannoverschen Schweißhund, der älteren der beiden deutschen Schweißhunderassen. Der Bayerische Gebirgs-schweißhund wurde erst zu Beginn des 20. Jahrhunderts von Jägern aus den bayerischen und Tiroler Alpen gezüchtet. Ihnen war der Hannoversche Schweißhund zu schwer. Deshalb kreuzten sie die österreichische Brandelbracke und die Tiroler Bracke ein. Ein

Die aus der Tradition der Parforcejagd hervorgegangenen französischen Meutehunde sind wirklich einzigartig auf der Welt.

erster Rasseclub wurde 1919 gegründet; im Jahre 1930 schlossen sich Deutsche, Österreicher und Ungarn zusammen, um die internationale Union der Schweißhundeclubs zu gründen.

Eine richtige Kunst

In der Praxis gilt der Bayerische Gebirgsschweißhund als der lebhaftere. Beide Rassen besitzen aber alle spezifischen Fähigkeiten eines guten Schweißhundes und sind konzentrationsfähige Tiere mit ausgeglichenem Wesen. Für die Suche nach verletztem Wild ist es wichtiger als bei jeder anderen Form der Jagd, daß der Hund die Fährte hält und nicht auf kreuzende Verleitfährten wechselt. Er muß auch der größten Versuchung widerstehen: gesundem Wild, das während der Nachsuche vor ihm aufsteht. Nach aufmerksamer Untersuchung des Anschusses muß er ruhig und konzentriert die Wundfährte ausarbeiten und Schweiß oder Wundbetten möglichst verweisen. Eine Nachsuche kann je nach Sitz der Kugel Stunden dauern, vor allem auf das harte Schwarzwild oder bei schlechten Schüssen wie Lauftreffern und Krellschüssen. Kommt der Hund dann an das Stück, muß er häufig eine kilometerlange Hetze über Berg und Tal durchstehen! Der Hannoversche Schweißhund und der Bayerische Gebirgsschweißhund besitzen sowohl unglaubliche Ruhe als auch extreme körperliche Leistungsfähigkeit. Letztlich müssen sie auch noch genügend Wildschärfe (und Kraft) besitzen, um am Ende einer langen Hetze wehrhaftes Wild niederzuziehen oder anhaltend zu stellen. Der Körperbau dieser Rassen entspricht diesen Anforderungen: Der Knochenbau ist stark, der Brustkorb tief und der Fang kräftig. Schweißhunde müssen sich unterordnen können, ohne unterwürfig zu sein. Kein anderes Jagderlebnis ist mit der erfolgreichen Arbeit auf der Wundfährte zu vergleichen.

Vorstehhunde

Ursprünglich wurden Vorstehhunde für die Jagd auf Federwild gezüchtet, heute gibt es vielseitige und spezialisierte Rassen.

Die meisten Vorstehhunde sind auch exzellente Apporteure!

Die lange Zeit übliche Auffüllung der Federwild-, vor allem Fasanenbesätze mit Zuchtvögeln zu jagdlichen Zwecken hat die Entwicklung der Vorstehhundrassen beschleunigt. Obwohl diese Praxis wieder zurückgeht, ist die Zahl der Vorstehhunde recht stabil.

WAS HEISST VORSTEHEN?

Vorstehhunde verharren regungslos, wenn sie Wild in die Nase bekommen, so daß der Jäger auf günstige Schußentfernung aufrücken kann. Das muß nicht mit einem erhobenen Vorderlauf geschehen. Die Vorfahren dieser Jagdhunde hielten kurz vor dem Beutesprung inne, um „Maß zu nehmen“, das heißt sie bestimmten über die Witterung die vermutliche Position einer unsichtbaren Beute, um erfolgreich zupacken zu kön-

Der Irische Setter zeigt „klassisches Vorstehen“ – ein Vorderlauf ist angehoben.

Der Gordon Setter ist ein kräftiger Hund und geeignet für schwieriges Gelände.

nen. Dieses Verhalten wurde bei den Vorstehhunderassen konsequent herausgezüchtet – nichtsdestotrotz muß mit dem jungen Hund das Vorstehen geübt werden. Er verharrt bei Wildwitterung anfangs oft nur kurz, um dann doch vorzupreschen. Dieser Moment des Verharrens muß durch beruhigendes Einwirken des Herrn immer weiter verlängert werden: Der gereifte Hund steht schließlich so lange vor, bis der Herr entweder das Kommando zum Einspringen gibt oder aber das Wild selbst heraustritt. Aber auch unter den Spezialisten gibt es immer wieder einmal Hunde, die nicht vorstehen, das heißt das Wild einfach „herausschmeißen", oder aber Hunde, die nicht fest genug vorstehen und zu früh vorpreschen. Bewegen sich Fasan oder Rebhuhn in Deckung am Boden vom Hund fort, zieht dieser in der Regel langsam nach, bis er wieder dicht heran ist, und steht erneut.

Hunde, die Wild bewußt nicht vorstehen, sondern ignorieren, nennt man „Blinker"; „Blender" gibt es auch gelegentlich: Sie stehen vor, obwohl nachweislich kein Wild vorhanden ist.

SETTER UND POINTER

Die Pointer und die Englischen Setter nehmen bei der Jagd eine Sonderstellung ein. Es ist denn auch kein Zufall, daß es bei den Arbeitsprüfungen verschiedene Klassen für kontinentale und britische Vorstehhunde gibt. Im Laufe der Selektion sind diese Vorstehhunde, deren Rassetypus seit dem Ende des 19. Jahrhunderts existiert, zu sehr gut arbeitenden Spezialisten geworden. Sie sind körperlich sehr fit, haben einen schnellen, kraftvollen und gelösten Galopp, ihr Geruchssinn ist hervorragend, und sie suchen weiträumig. Sie sind relativ eng auf die Feldarbeit spezialisiert und werden so gut wie nie in Waldrevieren geführt.

Pointer stammen ursprünglich aus Spanien und gelangten von dort nach Frankreich und nach England. Der Englische Setter wurde früh auch auf Schönheit und „für Ausstellungen" gezüchtet, so daß die jagdlichen Zuchten inzwischen rückläufig sind. Wer sich für diesen Hund interessiert, sollte beim Kauf gut darauf achten, aus welcher Linie er seinen Welpen bezieht.

Unter den heute vielfach herrschenden Bedingungen mit deutlich geringeren Federwildbesätzen als früher kommt den Settern und Pointern ihre weite Suche grundsätzlich zugute. Die Chance, Wild zu finden und vorzustehen, steigt mit größerem Aktionsradius.

Der Irische Setter ist ein eleganter Hund von insgesamt schlankerem Körperbau als

Ein Englischer Setter in voller Aktion. Wenn er Wild in die Nase bekommt, muß er jedoch vorstehen!

Pointer und Englischer Setter. Rote und rot-weiße Setter sind seit dem Jahr 1700 in Irland nachgewiesen. Sie wurden später nach England importiert und ebenfalls in Reinzucht weitergezüchtet. Dort legte man aber, wie beim Englischen Setter, lange Zeit mehr Wert auf Schönheit als auf jagdliche Eignung. In Irland stand die jagdliche Leistungszucht weiterhin im Vordergrund. Bis gegen Ende des 19. Jahrhunderts gab es etwa gleich viele einfarbig rote und rot-weiße Irische Setter, anschließend dominierte der einfarbige mehr und mehr. Der Irische Setter wird auch heute gern als Begleit- und Familienhund gehalten. Auch bei dieser Rasse sollte sich der Jäger aus den richtigen Zuchtlinien bedienen.

Der schwarz-rote Gordon Setter hat seine Ursprünge in Schottland. Er ist die größte Rasse der britischen Setter, jagdlich ist er weniger verbreitet als seine beiden Vettern.

FELDSPEZIALISTEN

Setter und Pointer wurden ursprünglich ausschließlich für die Federwildjagd im Feld gezüchtet. Bei ihrer weiträumigen Suche – für den Geschmack einiger Jäger zu weiträumig – kommt ihnen ihre im Regelfall hohe Ausdauer zugute. Sie sind sehr temperamentvoll und nicht geeignet für Jäger, die es lieber „etwas ruhiger haben". Ihr Aktionsradius erfordert entsprechend absolut zuverlässiges Vorstehen. Auf Schalenwild werden Setter und Pointer nicht eingesetzt. Wie alle Vorstehhunde sind sie auch zur Nachsuche grundsätzlich wenig geeignet, da sie typischerweise mit hoher Nase arbeiten. Bei konsequenter Einarbeitung bestätigen jedoch auch hier Ausnahmen die Regel.

DER EPAGNEUL BRETON

Neben den hervorragenden britischen Vorstehhunden findet man auch überall sonst in Europa gute Vorstehhunde. Zu diesen kontinentalen Rassen gehört auch der in Frankreich populäre Épagneul Breton.

Durchaus interessant ist, wie er zu seiner Popularität kam: Als die britischen Hunde auf das europäische Festland gelangten, drängten sie die meisten französischen Rassen zurück, mit Ausnahme des Épagneul Breton.

Dessen Kreuzung – die zunächst mehr oder weniger kalkuliert geschah – mit dem Setter führte dazu, daß eine Zuchtlinie mit einer sehr feinen Nase und einer großen Sicherheit beim Vorstehen entstand. Sie hatte außerdem einen ausgeglicheneren Körperbau als ihre Vorfahren und war damit um einiges robuster.

Der Épagneul Breton ist so etwas wie ein Halbblüter, der aus regionalen Vertretern und reinrassigen Tieren hervorgegangen ist, wobei er „ein Maximum an Qualität bei einem minimalen Volumen" in sich vereint, wie die Devise seiner Züchter besagt. Paradoxerweise ist er heute

Der kleine Münsterländer ist ebenso eng wie der Deutsch-Langhaar mit dem Épagneul Breton verwandt.

zu einem regelrechten Rivalen des Setters geworden, dem er doch einen Teil seiner außergewöhnlichen Fähigkeiten zu verdanken hat. Er ist fast ebenso beliebt wie gefragt. Seine besondere Stärke liegt in der Schnepfenjagd, aber er ist nach wie vor ein sehr vielseitiger Hund, der sowohl für die Jagd im Buschwald geeignet ist als auch für die Jagd in der waldlosen Ebene und in den Sümpfen – auf Federwild genauso wie auf Haarwild.

SANFT UND LEIDENSCHAFTLICH

Ganz allgemein ist der Épagneul Breton ein sehr aktiver Hund. Seine Ausbildung verläuft meist ohne Probleme, auch wenn er manchmal ein bißchen stur ist. In freiem Gelände sucht er etwa 30-40 Meter vor seinem

So wird's gemacht – der Épagneul Breton steht „bombenfest" vor.

Der Épagneul Breton kommt nicht nur in rot-weiß, sondern auch in schwarz-weiß vor.

Herrn, wobei er kein Versteck ausläßt, wo Wild zu vermuten wäre. Er läuft schnell und weit, entdeckt das Wild aus großer Distanz, nähert sich ihm und steht vor. Dieses Vorstehen ist oft weniger lang als bei anderen Rassen, und es kann passieren, daß sich der Épagneul Breton ohne weiteres auf einen Vogel, der auffliegt, stürzt. Im lichten Wald, wie auch in niedriger dichter Vegetation, im Niederwald wie im Hochwald ist er in der Lage, kurz zu wenden und sich fast um die eigene Achse zu drehen: Das macht ihn zu einem regelrechten Experten für die Fasanenjagd, der er einen Großteil seines Erfolges zu verdanken hat. Auch bei der Jagd auf Bekassine sowie auf andere Sumpfvögel in Frankreich sind seine Fähigkeiten geschätzt. Er ist sehr widerstandsfähig, braucht wenig Platz und übersteht auch längere Autofahrten ohne Probleme. Außerdem kann er ein ganzes Wochenende lang jagen, ohne Erschöpfungserscheinungen zu zeigen – eine wertvolle Eigenschaft, wenn man nur einen einzigen Hund besitzt. Der Épagneul Breton ist besonders geeignet für Jäger, die ganz unterschiedliche Wildtiere vor der Flinte

Der Deutsch-Kurzhaar eignet sich für die Jagd auf Feder- und Haarwild.

Der Épagneul Picard ist eine der alten französischen Jagdhunderassen, die heute etwas in Vergessenheit geraten sind.

haben wollen. Im Haus ist er ein braver Gefährte: Er ist folgsam, anhänglich und zeigt auch schon einmal ganz spontan seine Zuneigung.

DIE DEUTSCHEN VORSTEHHUNDE – VIELSEITIGE JAGDGEBRAUCHSHUNDE

Zu den kontinentalen Vorstehhunderassen zählen auch die Deutschen Vorstehhunde. Es handelt sich dabei um leistungsfähige robuste Hunde mit kräftigem Körperbau und ausgewogenen Proportionen. Die Ruten der kurz- und rauhhaarigen Rassen sind kupiert, die langen Ruten der langhaarigen Rassen haben eine typische Fahne.

Das bezeichnendste Merkmal dieser Hunderassen ist jedoch ihre enorme Vielseitigkeit: Unter den jagdlichen Gegebenheiten Deutschlands brauchte man früh Hunde mit möglichst großem Einsatzspektrum, denn die Jäger wollten nicht für jeden Zweck einen anderen Hund führen müssen.

Das Arbeitsgebiet dieser Rassen geht über das der Spezialisten, wie zum Beispiel der Pointer und Setter, weit hinaus: Sie sind gleichermaßen gut für Federwild und Haarniederwild geeignet, außerdem beherrschen sie das Stöbern in Wasser und Schilf ebenso wie das Apportieren aller Arten von Nieder- und Wasserwild. Nicht

Der Deutsch-Kurzhaar ist ein echter „Allrounder".

Mit seinem silbergrauen Fell sieht der Weimaraner gut aus.

wenige Hunde dieser Rassen werden auch mit großem Erfolg auf der Wundfährte geführt. Der in Deutschland am meisten verbreitete Vorstehhund ist der Deutsch-Drahthaar (DD). Er ist das Ergebnis vieler Kreuzungen, wobei die dabei entstandene genetische Breite sicher ein wesentlicher Grund für die urige Robustheit dieses Hundes ist.

Die Braque Français.

Im Hinblick auf die Zucht war der DD zunächst eng mit dem späteren Deutsch-Stichelhaar verbunden. Die Rasse ist heute auch außerhalb Deutschlands verbreitet und beweist sich in den unterschiedlichsten Klimaten der Erde.

Ein weiterer populärer Vertreter unter den deutschen Vorstehhunden ist der Deutsch-Kurzhaar. Ab Mitte des 19. Jahrhunderts veränderte sich dessen Zucht – wahrscheinlich über die Einkreuzung englischer Hunde – in den massigen Ursprungstyp. Seitdem hat sich der Deutsch-Kurzhaar immer weiter entwickelt, ist sich selbst dabei jedoch bemerkenswert treu geblieben. Einen größeren Bekanntheitsgrad außerhalb Deutschlands erreichte er erst im 20. Jahrhundert – nicht zuletzt wohl wegen seiner hervorragenden Prüfungsleistungen. In Deutschland selbst ist der Deutsch-Kurzhaar schon lange eine der beliebtesten Vorstehhunderassen. Obwohl ebenfalls sehr vielseitig brauchbar, wird er vorwiegend in Feldrevieren geführt. Eine sehr alte Rasse, mit einem besonders schönen silbergrauen Fell , ist der Weimaraner Vorstehhund, den es als kurz- und langhaarigen Schlag gibt. Wegen ihrer naturgemäß ausgeprägten Schärfe wurde und wird diese Rasse auch sehr wirksam als Schutzhund eingesetzt.

Von alten, nicht näher zu bestimmenden „Vogelhunden“ stammt der leistungsfähige Deutsch-Langhaar ab. Diese Rasse ist etwas größer als der

Auch in Ungarn gibt es eine sehr leistungsfähige Vorstehhunderasse: den Magyar Vizslar.

Der Perdiguero Portugués ist jenseits der Iberischen Halbinsel noch recht unbekannt.

Deutsch-Draht- und Kurzhaar und nicht ganz so stark verbreitet. Nachdem als Rassestandard nur noch der einfarbig braune Hund anerkannt wurde, entstand der Große Münsterländer, der eine schwarz-weiß melierte Farbvariante des Deutsch-Langhaar ist.
Dessen Namensvetter, der Kleine Münsterländer, ist als Abkömmling alter „Vogelhunde“ zwar mit ihm verwandt, jedoch nicht sehr eng. Dieser braun-weiß gescheckte, häufig auch melierte Hund ist kleiner als die vorgenannten Rassen, aber darum nicht weniger vielseitig oder leistungsfähig. Den starken Fuchs zu apportieren, fällt ihm naturgemäß freilich schwerer als den größeren Rassen.
Wie der Name schon vermuten läßt, hat diese Rasse in Norddeutschland ihren Ursprung.

ANDERE VORSTEHHUNDE-RASSEN

Wenngleich Deutschland, England und Frankreich die Hochburgen der Vorstehhundezucht sind, gibt es natürlich auch in anderen Ländern sehr gute Rassen. Beispielhaft genannt sei der ungarische Magyar Vizslar: Diese Rasse gibt es in einem kurzhaarigen und einem rauhhaarigen Schlag. Wenig bekannt sind der italienische Bracco Italiano, der spanische Perdiguero de Burgos und der portugisische Perdiguero Portugués.
Im Bracco Italiano sehen Fachleute die älteste europäische Vorstehhundrasse. Seine Vorläufer tauchen in Schriften des 14. Jahrhunderts auf. Nachdem die Rasse ein wenig in Vergessenheit geriet, wird sie seit den 1930er Jahren wieder stärker gefördert. Stärkste Konkurrenten im eigenen Land sind die Deutschen Vorstehhunde und der Pointer.

Der Deutsch-Drahthaar: eine der vielseitigsten und leistungsstärksten Vorstehhunderassen überhaupt.

Retriever, Stöberhunde und Wasserhunde

Stöber-, Apportier- und Wasserhunde sind mehr oder weniger spezialisierte Rassen, die man nach ihrem Einsatzschwerpunkt einteilt.

Für viele Jäger ist der Labrador ein Star, denn er kann fast alles!

Apportierhunde, auch Retriever genannt, werden vor allem bei der Niederwild- und Wasserwildjagd eingesetzt. Ihre Aufgabe besteht hier nur im Bringen des erlegten Wildes. Unter „marking" versteht man ihre ausgeprägte Fähigkeit, sich Geländepunkte visuell einzuprägen. Dies bedeutet bei der Jagd, daß sie sich den Aufschlagsort erlegten Federwildes über längere Zeit merken und dieses auf Befehl bringen können. Bei wildreichen Jagden werden sie oft nicht sofort geschickt, sondern müssen am Ende des Treibens mehrere Stück Wild hintereinander bringen.

In England werden Retriever klassischerweise zusammen mit den Vorstehspezialisten eingesetzt. Letztere übernehmen die „Arbeit vor dem Schuß", die Retriever apportieren. Beim Internationalen Kynologischen Verband (FCI) sind insgesamt sechs Rassen registriert, von denen vier aus England stammen – der Labrador Retriever, der Golden Retriever, der Flat Coated Retriever sowie der Curly Coated Retriever – und zwei aus Nordamerika – der Chesapeake Bay Retriever und der Nova Scotia Duck Tolling Retriever. Jagdlich ist der Labrador mit Abstand der meistgeführte Apportierhund.

Der Labrador erweist sich auch als ausgezeichneter Schweißhund bei der Jagd auf Vögel.

LABRADOR UND GOLDEN RETRIEVER

Den Labrador gibt es in den Farben Schwarz und – deutlich seltener – Braun oder Gelb. Die Rasse unterscheidet zwei Grundtypen: einen leichteren Typ, der vor allem in England jagdlich gezüchtet wird, und einen massigeren Typ mit breitem Schädel, der mittlerweile sehr verbreitet und wohl vorwiegend aus optischen Gründen entstanden ist. Wegen seiner Schönheit und seines ruhigen, sehr verträglichen Wesens wird der Labrador auch häufig als Begleit- und Blindenhund verwendet, wegen seiner feinen Nase eignet er sich zudem als Drogenhund. Seine große Verbreitung verdankt er vor allem diesen nichtjagdlichen Zwecken. Aus jagdlicher Leistungszucht ist der Labrador aber nach wie vor ein hervorragender Hund, der neben dem Apportieren auch großartige Leistungen auf der Wundfährte erbringen kann und gelegentlich von Waldjägern geführt wird.

Der Golden Retriever ist wegen seines ansprechenden Äußeren und seines ausgeglichenen Wesens in den letzten Jahrzehnten zu einem beliebten Begleithund avanciert und ist auch in Deutschland

Der Golden Retriever mit seinem leuchtenden Fell ist in Deutschland äußerst beliebt.

Der Spaniel hat so viel Temperament und Tempo, daß er sogar Laufvögel zum Auffliegen bringt!

zunehmend verbreitet. Auch er wird als Blinden- und Drogenhund eingesetzt.
Im Vergleich zu diesen beiden Rassen sind die übrigen vier wesentlich weniger bekannt.

STÖBERHUNDE: UNERMÜDLICH UND KAUM ZU BREMSEN

Die Stöberhunde stammen zumeist von den alten, nicht näher abgegrenzten „Vogelhunden" ab.
Im Gegensatz zum Deutsch-Langhaar und zum Kleinen Münsterländer war bei ihnen jedoch das Merkmal des Vorstehens kein Zuchtkriterium. Beim Stöbern besteht ihre Aufgabe darin, das Wild in geschlossenen Dickungen oder undurchdringlichem Strauchwerk aufzustöbern und es den vorgestellten Schützen zu bringen.
Je nach Rasse werden sie eher auf Niederwild im Feld oder aber auf Schalenwild im Wald eingesetzt. Als ausgesprochen wasserfreudige Hunde eignen sie sich zudem hervorragend für das Stöbern im Schilf. Da sie bei entsprechendem intensiven Training auch hervorragend apportieren, sind sie ausgesprochen vielseitige und deshalb gefragte Jagdhunde.
Die am weitesten verbreiteten Hunde dieser Art bleiben die britischen Spaniels, wobei der Cocker sowohl der kleinste als auch der populärste unter ihnen ist. Auch er ist mittlerweile in nichtjagdlichen Kreisen als Familienhund sehr beliebt – so zum Beispiel in den USA und in Kanada. Freunde dieser Art, denen die Erhaltung jagdlicher Fähigkeiten am Herzen liegt, betrachten dies mit Skepsis. Bei der Jagd ist der Spaniel temperamentvoll und ausdauernd.
Idealerweise buschiert er, das heißt, er sucht „unter der Flinte" in Schußentfernung. Zu den Jagdspaniels zählen darüber hinaus auch noch

die verschiedenen Springer-Spaniels.
Ein sehr leistungsfähiger Vertreter der Stöberhunde ist der Deutsche Wachtelhund. Er tritt in unterschiedlichen Farben auf, am häufigsten einfarbig braun oder als Braunschimmel.
Zum Stöbern wird er vor allem auf Schalenwild eingesetzt, wobei er auch für die Schwarzwildjagd geeignet ist. In der Wasserarbeit und beim Apportieren zeigt er sehr gute Leistungen, so daß er den Deutschen Vorstehhunden in seiner Vielseitigkeit nicht nachsteht.

WASSERHUNDE

Die Wasserhunde bilden eine kleine Familie hochspezialisierter Rassen. Vielleicht sind sie sogar schon zu spezialisiert, da ihre sehr zielgerichteten Fähigkeiten ihren Einsatzbereich einschränken. Dieser liegt traditionell bei der Wasserwildjagd in Sumpfgebieten. Zwischen den Züchtern von Wasserhunden der einzelnen Länder, vor allem aus England, Frankreich, Holland und Portugal, hat immer ein reger Austausch bestanden. Heute sind sie innerhalb des Internationalen Kynologischen Verbandes (FCI) mit einer eigenen Sektion der Wasserhunde vertreten, wodurch sie sich offiziell von den Retrievern und den Stöberhunden unterscheiden. Mit ihren Spezialfähigkeiten besetzen sie eine kleine Nische und sind einer harten Konkurrenz durch vielseitigere Rassen ausgesetzt. Daß die Wasserwildjagd in immer mehr Feuchtgebieten eingeschränkt wird, erleichtert den Fortbestand der Wasserhunderassen nicht gerade. Manche haben

Der Deutsche Wachtelhund zeigt bei der Stöberjagd und bei der Wasserarbeit herausragende Leistungen.

durch die Trockenlegung und Urbarmachung von Feuchtgebieten ihren ursprünglichen jagdlichen Zweck eingebüßt und werden, wenn überhaupt, anderweitig eingesetzt. Fürchten muß man um den American Waterspaniel, der immer noch fast unbekannt ist, den Perro de Aguas Español oder den englischen Otterhound. Nur vier Arten von Wasserhunden haben heute noch eine Aufgabe, die ihrer Bestimmung entspricht: der Barbet, der Cão de Agua Portugués, der Irish Waterspaniel und der holländische Wetterhoun.

DER BARBET: DER VIERTE IM BUNDE

Der Barbet ist die einzige französische Rasse unter den Wasserhunden. Er gehört wahrscheinlich zu den ältesten Jagdhunderassen überhaupt und soll bereits seit über 1500 Jahren existieren. Von seinem Äußeren her ist er kräftig, gedrungen und untersetzt und zeichnet sich durch langes, wolliges und üppiges Fell aus, das strähnig und einfarbig schwarz, braun oder weiß ist. Das dichte Fell schützt ihn gegen Kälte und Strauchwerk, benötigt aber auch intensive Pflege.

Der kleinste und gleichzeitig populärste Spaniel ist der Cocker.

Windhunde

In vielen Ländern ist die Jagd mit Windhunden äußerst populär, so daß zahlreiche sehr alte Rassen erhalten geblieben sind.

Die Jagd mit Windhunden erfreut sich auf der Iberischen Halbinsel großer Beliebtheit.

Der Galgo ist ein echter Athlet.

Das Besondere an den Windhunden ist, daß sie eine sehr homogene Rassengruppe bilden. Sie sind von ursprünglichem Rassetypus, haben ein elegantes und apartes Aussehen und werden vor allem aufgrund ihrer jagdlichen Fähigkeiten geschätzt.
Allerdings war die Ausprägung ihres Geruchssinnes, im Gegensatz zu sämtlichen anderen Jagdhunderassen, niemals ein entscheidendes Kriterium züchterischer Selektion. Nur ihre Fähigkeit, das Wild durch Schnelligkeit zu ergreifen, spielt bei der Zuchtwahl eine Rolle. Windhunde zählen heute zu den ältesten Repräsentanten der Jagdhunde überhaupt.

DER GALGO ESPAÑOL: KÖNIG DER EBENEN

In Westeuropa gibt es die Tradition der Jagd mit Windhunden vor allem in England, Spanien und Portugal. Man muß dabei festhalten, daß auf der Iberischen Halbinsel der Begriff „galgo“ den Windhund im allgemeinen bezeichnet, ganz gleich, welcher Rasse und welcher Herkunft er ist. Beim Galgo

Der Saluki, der nicht mehr so häufig wie früher zur Jagd eingesetzt wird, ist arabischen Ursprungs.

Español Greyhound wurde eingekreuzt, um seine Schnelligkeit zu erhalten. Der Galgo Español ist aller Wahrscheinlichkeit nach einer der wenigen Windhunde, die nur bei der Jagd zum Einsatz kommen. Abgesehen von seinem Körperbau eines Marathonläufers besitzt er einen sehr ausgeprägten Jagdtrieb. Der Galgo ist ein urtümlicher, furchtloser Jagdhund, der instinkthaft handelt, auf Sicht jagt und sich praktisch nicht abrichten läßt.

Ein echter Jäger

Dieser athletische Hund, dessen Herz größer ist als das aller anderen Jagdhunde, hat eine eiserne Gesundheit und ein sehr ausgeglichenes Wesen. Seine mandelförmigen Augen verleihen ihm in Ruhestellung ein sanftes und diskretes Aussehen, doch sobald er den Schatten eines Wildtieres auf der Flucht sieht, fangen seine Augen an zu funkeln. Sofort stürmt er in energischem, sehr geschmeidigen Schritt davon und verlangsamt sein Tempo nicht eher als er das Tier gepackt hat. Der Galgo hält dabei in jedem Fall wesentlich länger durch als ein Renn-Windhund. Es gibt zwei Spielarten dieser Rasse: eine mit kurzem, glattem und sehr feinem Fell, die andere mit rauhem, halblangem Fell und angedeutetem Bart. Der Galgo Español zählt übrigens zu den wenigen Windhunderassen, die im wahrsten Sinne des Wortes noch immer sehr populär sind und nicht nur als nobles Anhängsel sogenannter feiner Leute fungieren.

Der Sloughi ist heute selten geworden, er war früher aber ein großer Gazellenjäger.

Mit Windhunden werden heutzutage dort, wo es erlaubt ist, nur noch Hasen und manchmal Füchse gejagt.

Das Hochwild Europas

Rotwild

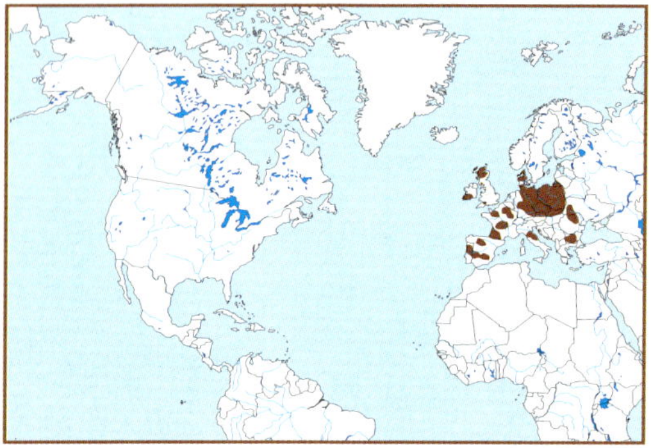

LAT. BEZEICHNUNG:
Cervus elaphus

Das Rotwild zählt zu den größten Säugetieren Europas und ist bis nach Skandinavien verbreitet.

BESCHREIBUNG

Die Größe der Rothirsche variiert stark nach Geschlecht und Lebensraum. Sie können eine Länge zwischen 1,70 und 2,35 m, max. 2,50 m erreichen, bei einer Risthöhe von 1,20 bis 1,50 m. Das Gewicht ausgewachsener weiblicher Tiere liegt zwischen 70 und 100 kg, Hirsche wiegen in der Regel zwischen 120 und 150 kg. Unter optimalen Bedingungen wurden in den Karpaten allerdings auch schon Hirsche von über 300 kg gesichtet. Ein kapitales Geweih kann 15 kg

Auf Korsika und Sardinien lebt eine Unterart, der Korsische Edelhirsch (Cervus elaphus corsicanus).

Gewicht erreichen, gilt in Deutschland aber schon ab 4,0 kg als „brav". Die Decke der Rothirsche ist im Sommer gelblichrot bis rotbraun. Gaston Phoebus, Jagdherr der Béarne, bestimmte die Farbe der Decke folgendermaßen: „Man kann verschiedene Fellarten unterscheiden, nämlich drei, die man braun, fahlrot und blond heißt." In der grauen bis graubraunen Winterdecke sind Bauchseite und Halsmähne (Brunftkragen) der Hirsche tiefbraun, die Bauchseite der weiblichen Tiere dagegen grau. Auf dem Rücken, manchmal auch nur am Träger, verläuft eine schwarze Linie. Die Kälber tragen bis in den August hinein eine rotbraune Decke mit weißen Flecken, die eine gute Tarnung darstellt.
Der Haarwechsel erfolgt zweimal im Jahr, im Frühjahr und im Herbst.

LEBENSRAUM

Ursprünglich beschränkte sich der Lebensraum der Hirsche auf Gebiete mit offener Vegetation. In Schottland sind sie auch heute noch auf den kargen Heideebenen anzutreffen, wo sie sich hervorragend angepaßt haben.
Der Jagddruck, aber auch die Ausbreitung der Agrarwirtschaft drängten sie schließlich immer weiter in die Wälder

Der Hirsch verläßt den schützenden Wald meist nur in der Dämmerung oder nachts, um zu den Äsungsstellen zu wechseln.

Rotwild

Kampf um das Brunftrudel.

zurück. Das Rotwild wählt in unseren Breiten meist uneinsehbare Dickungen, in störungsfreien Gebieten aber auch räumige Althölzer als Tageseinstand. Auch in rauhem Gelände und über 2000 m Höhe findet es sich zurecht. Wo dies noch möglich ist, zieht es in den Wintermonaten aber in tiefere und mildere Lagen. Die Tiere sind außerdem gute Schwimmer: Wenn sie von einer Meute gehetzt werden, durchrinnen sie selbst breite oder schnell fließende Gewässer.

Ein Kolbenhirsch: Solange das neue Geweih geschoben wird, ist es von dem stark durchbluteten Bast bedeckt.

ÄSUNG

Hirsche ernähren sich vorwiegend von Gräsern, Knospen, Trieben, Blättern, Eicheln, Bucheckern, Beeren und Pilzen, aber auch, wenn sie die Möglichkeit haben, von Kartoffeln, Getreide oder Früchten wie zum Beispiel Äpfel.

Im Winter begnügen sie sich mit trockenen Gräsern, Heidekraut oder schälen im Wald die Rinde von Laub- und Nadelhölzern. Insgesamt nimmt ein erwachsener Hirsch täglich zwischen 4 und 10 kg Nahrung auf. Im Gegensatz zum „naschhaften" Reh benötigt Rotwild einen gewissen Rauhfaseranteil in der Nahrung. Den bieten zum Beispiel teilweise verholzte Pflanzenteile. Wildschäden durch Rotwild können sowohl in den Feldern, wie im Hafer in der Milchreife, Kartoffeln und Wintersaaten, als auch durch das Abziehen der Baumrinde im Wald entstehen (sogenannte Schälschäden).

VERHALTEN

Die Brunft

Die Brunftzeit liegt, mit leichten regionalen Unterschieden, zwischen Mitte September und Mitte Oktober. In dieser Zeit erklingt der Wald von den urigen Brunftlauten der Hirsche; man unterscheidet dabei das Schreien, das Trenzen, das Knören und den Kampfruf. Die Tiere verdeutlichen damit ihren Anspruch auf das Kahlwild und fordern mögliche Rivalen zum Kampf. Der Hirsch treibt so auch seinen „Harem" zusammen, das Brunftrudel, das meist aus zehn bis zwanzig Tieren besteht. Sie werden von dem Hirsch eifersüchtig beaufsichtigt.

In seinem Buch über die Kunst des Jagens schreibt Gaston Phoebus über die Brunft der Hirsche: „Sie sind wie toll und rasen auf Menschen zu, wie dies nur erregte Wildschweine tun. Sie können für den Menschen zu gefährlichen Tieren werden. Der Hirsch schlägt mit seinem Geweih zu wie mit einem Stock, so viel Kraft besitzt er in Körper und Kopf. Die Kämpfe zwischen den Hirschen enden in der Brunft mit schweren Verletzungen oder gar tödlich. Sie raufen und schlagen sich und bringen der Auserwählten Lieder dar, wie dies auch ein verliebter Mensch täte. Sie töten gar Hunde, Pferde und Menschen und lassen sich in dieser Zeit verbellen wie ein Wildschwein, vor allem wenn sie müde sind."

Ein „abnormes" Geweih: Die rechte Stange ist abgebrochen.

Diese Schilderung übertreibt natürlich gewaltig, so wie die Brunftkämpfe der Hirsche überhaupt legendenumwoben sind. „Menschen, Hunden und Pferden" droht auch während der Brunft keinerlei Gefahr. Zwischen Artgenossen entbrennen aber oft tatsächlich heftige Kämpfe. Die Tiere rasen mit gesenkten Häuptern aufeinander zu und rammen ihre Geweihe gegeneinander. Dabei kann es vorkommen, daß sich die Tiere verkämpfen und mit fest verkeilten Geweihen irgendwann verenden. In den meisten Fällen jedoch verläßt der sich unterlegen fühlende Hirsch

DER HIRSCH ALS „MÖRDER"

Wenn auch die Bedeutung des Geweihs als Waffe oder Trophäe überbewertet wird, ist es doch keine Laune der Natur, die den Hirsch nur schmücken soll: Das Geweih ist bei den Rangkämpfen von großer Bedeutung, bei denen mitunter auch lebensbedrohende Schläge ausgeteilt werden. Die spitzen Enden abgebrochener Stangen oder stark zurückgesetzter Geweihe alter Hirsche stellen häufig sogar tödliche Waffen dar: Ihre Träger wurden früher auch „Mörder" oder „Schadhirsch" genannt. Diese Bezeichnungen sind aus heutiger Sicht unzeitgemäß, denn der Hirsch will nicht absichtlich töten oder schädigen.

Ein Alttier setzt meist nur ein einziges Kalb, dessen gefleckte Decke eine ideale Tarnung darstellt.

den Brunftplatz. Ein Schlag auf eine empfindliche und lebenswichtige Stelle kann mitunter auch tödlich sein. Solch gravierende Verletzungen sind jedoch die Ausnahme in den Kämpfen.

Die Hirsche reagieren sich auch des öfteren auf andere Weise ab: In höchster Erregung bearbeiten sie mit dem Geweih den Boden – das nennt man Bodenforkeln – oder schlagen auch schon einmal Gehölze kurz und klein.

Nach der Brunft verlassen die Hirsche das Rudel wieder und ziehen sich in abgeschiedene Einstände zurück, um sich von dem enormen Energieverlust durch die Brunft erholen zu können.

Wenn die Brunftzeit dann vorbei ist, leben mittelalte und alte Hirsche streng vom Kahlwild getrennt.

Fortpflanzung

Die Hirschkuh setzt rund 240 Tage nach dem Beschlag im Mai/Juni in der Regel ein Kalb, das bis zum Winter gesäugt wird. In der ersten Zeit drückt sich das Kalb bei Gefahr, seine gefleckte Decke bietet hierbei hervorragenden Schutz. Das Alttier verläßt das Kalb zum Äsen vorübergehend, ist jedoch immer wachsam. Meist erst nach Einbruch der Dunkelheit lockt das Muttertier das Kalb mit einem kurzen Ruf aus dem Versteck im Unterholz heraus und führt es auf Lichtungen oder an den Waldrand.

Hirsche sind in der Regel nacht- oder dämmerungsaktive Tiere. Am Tage ruhen sie sich – vor Störungen geschützt – aus. Ihre aktivste Zeit haben sie in der Morgen- und der Abenddämmerung.

Das Rudel

Hirsche leben in streng hierarchisch geordneten Rudeln. Der einzige wirklich feste Sozialverband – die Grundeinheit – ist die matriarchalisch organisierte Mutterfamilie, die aus dem Alttier, Kalb und Schmaltier bzw. Schmalspießer (Kalb des Vorjahres) besteht. Letzteres duldet die Hirschkuh während der Setzzeit jedoch nicht in ihrer Nähe.

Immer wieder schließen sich mehrere Familienverbände zusammen und bilden ein Rudel, das von einer alten, erfahrenen Hirschkuh angeführt wird. Dieses Leittier hält

Bei mangelndem Äsungsangebot kann Rotwild im Wald gravierende Verbiß- und Schälschäden verursachen.

Jedes Kahlwildrudel hat ein Leittier. Führt eine Hirschkuh dauerhaft kein Kalb mehr, nennt man sie „Gelttier".

die Gruppe zusammen und ist für deren Sicherheit verantwortlich.

Jüngere Hirsche ab zwei bis drei Jahren und mittelalte Hirsche leben in nach Größe und Alter recht homogenen Junggesellengruppen bzw. Feisthirschrudeln zusammen. In der Regel versuchen sie ab etwa dem sechsten Kopf, in der Brunftzeit ein Brunftrudel zusammenzutreiben bzw. zu übernehmen.

Sehr alte Hirsche leben oft unstet als Einzelgänger. Bei ihnen stehen aber häufig ein, zwei Beihirsche, die „Adjutanten".

DAS BESTÄTIGEN VON HIRSCHEN

Zahlreiche Hinweise verraten die Anwesenheit von Rotwild im Revier. Zu den auffälligsten gehört die deutliche Fährte. Im Gegensatz zum Wildschwein läßt das Trittsiegel in der Regel nur Schalen und Ballen erkennen, bei flüchtenden Tieren sind auch die Afterklauen, das Geäfter, zu sehen. Beim Hirsch sind Schalen durchschnittlich 6-10 cm lang und 4,5-8,5 cm breit, bei den Tieren 5,5-7,5 cm lang und 4,5-5 cm breit.

Ein weiteres Pirschzeichen ist die Suhle – ein kleiner Wassertümpel oder eine morastige Stelle, in der sich der Hirsch (wie auch das Wildschwein) gerne suhlt, bevor er sich heftig an der Rinde des sogenannten Malbaumes reibt.

Die Losung des Rotwildes besteht aus 2,5 cm langen Kotbeeren von meist länglich zylindrischer Form, die auf einer Seite eine Spitze (Zäpfchen), auf der anderen Seite beim Hirsch ein leichte Delle (Näpfchen) aufweisen und bei den Tieren abgeflacht ist. Das Bett (Ruhelager) des Hirsches erkennt man an dem Abdruck seines Körpers, den plattgedrückten Pflanzen und der teilweise weggescharrten Bodenstreu.

Auch die von den Tieren hinterlassenen Schälschäden und Verbißspuren im Wald liefern Hinweise

Trittsiegel eines Rothirschs.

auf Rotwild. Schließlich verraten den Hirsch die sogenannten Himmelszeichen, die er mit dem Geweih an Bäumen und Sträuchern hinterläßt: Das sind die Fegestellen, die Schlagspuren und die beim Ziehen gewendeten Zweige, das „Gewende".

DIE ROTWILDHEGE

Bei der Hege des Rotwildes gilt es vor allem, die Bestände so zu regulieren, daß sie der Tragfähigkeit des Lebensraumes angepaßt sind. Auf diese Weise können größere Schäden in Wald und Feld vermieden werden, und man kann zugleich eine harmonische Verteilung innerhalb der Alters- und Geschlechtsstruktur erzielen.

Nicht zuletzt kann man nur so auf reife „Erntehirsche" mit kapitalen Geweihen, heutzutage meist selten gewordene Trophäen hoffen.

Der Abschuß sollte sich bei einem annähernd ausgeglichenen Bestandsaufbau zu gleichen Geschlechtsanteilen etwa wie folgt zusammensetzen:

- 29 Prozent Hirsch- und Wildkälber;
- 24 Prozent Schmalspießer und -tiere;
- 35 Prozent Hirsche vom zweiten bis zum zehnten Kopf und gleich alte Tiere;
- 12 Prozent reife Hirsche vom zehnten Kopf und älter und gleich alte Tiere.

Gleichzeitig sind folgende Grundsätze zu berücksichtigen: Niemals eine führende Kuh von ihrem Kalb wegschießen! Niemals das Leittier erlegen – dessen Tod kann den Zerfall des Rudels bedeuten!

Wer hin und wieder als Lohn seiner Hegebemühungen eine wirklich reife Trophäe „ernten" will, sollte mittelalte Hirsche schonen, bis sie den zehnten Kopf erreicht haben.

Schlanker Träger, wenig Masse – der Hirsch ist noch nicht „reif".

DAS BEJAGEN VON ROTHIRSCHEN

„Hirsche sind elegante, starke und äußerst kluge Tiere", entzückte sich Gaston Phoebus. „Die Hirschjagd ist mit Abstand die edelste aller Jagden." Im Gegensatz zu einigen anderen Wildarten hat der Hirsch bis heute auch in der Kulturlandschaft überlebt. Das hat er nicht zuletzt den Herrschenden dieser Welt zu verdanken, die ihre schützende Hand über ihn hielten, um sich das Privileg und das Vergnügen der Parforce- und Hetzjagden zu erhalten.

Die Pirsch

Die Pirsch ist wie alle Formen der Einzeljagd geeignet, selektive Abschüsse im Sinne der Hegeziele vorzunehmen. Dabei werden vor allem Kälber, einjährige und schwache Tiere erlegt. Natürlich wird hier auch der reife Hirsch als Ergebnis einer sinnvollen Rotwildbewirtschaftung „geerntet". Rotwild ist sehr scheu. Die beste Jagdzeit stellt daher die Brunftzeit dar, in der die Tiere weniger wachsam sind und der Hirsch vom geübten Rufjäger angelockt werden kann.

Man begegnet den Tieren natürlich auch beim täglichen Wechsel zu den Äsungs-stellen, früh am Morgen oder bei Sonnenuntergang.

Auf der Pirsch muß sich der Jäger natürlich unauffällig verhalten und darf selbstverständlich keine grellen Farben tragen. Ein Teil des Gesichts wird am besten durch einen Hut verdeckt, außerdem ist es sinnvoll, Handschuhe anzuziehen.

Die Pirsch erfolgt bei gutem Wind (das heißt gegen den Wind), vor allem an Lichtun-

Eine erfolgreiche Pirsch setzt wache Sinne und sorgfältige Beobachtung voraus.

Das Wild ist angesprochen. Schießen oder schonen...?

Diese Kanzel steht direkt an einer Äsungsfläche. Hier darf der Jagddruck nicht zu groß werden.

gen, Waldrändern und Waldwegen.
Jeder geeignete Ort wird sorgsam mit einem lichtstarken Fernglas abgesucht; ist ein Stück ausgemacht worden, muß es unter Ausnutzung jeder sich bietenden Deckung angepirscht werden.
Wenn das Wild auch nur das geringste Anzeichen von Beunruhigung zeigt, sollte man stehenbleiben und sich auf keinen Fall mehr bewegen. Der Schuß erfolgt aus geeigneter Entfernung (rund 100 m) auf das breit stehende Stück.

Die Jagd vom Hochsitz

Auch diese Form der Einzeljagd ermöglicht eine stark selektive Bejagung. Das Wild kann meist in Ruhe angesprochen werden, da es der drohenden Gefahr aus der Höhe nicht gewahr wird.
Der Standort des Hochsitzes ist dabei für den Erfolg der Jagd ausschlaggebend. Oft steht er an der Kreuzung von Waldwegen, an einer Lichtung oder am Waldrand in der Nähe von Wechseln, an Äsungsstellen und regelmäßig besuchten Suhlen.

Es gibt verschiedene Arten von Hochsitzen. Ein sehr einfacher ist ein tragbarer Sitz mit einer Klappleiter aus Aluminium, die an einem Baum befestigt wird.
Feste Hochsitze können viel anspruchsvoller gestaltet sein:

Alt und kapital: ein „Erntehirsch".

Die geschlossene Kanzel aus Rundholz mit Dach und Schußfenstern in mehreren Metern Höhe ist oft komfortabel eingerichtet und ebenfalls über eine Leiter erreichbar. Der wesentliche Vorteil eines festen Hochsitzes ist, daß er den Jäger vor Niederschlägen schützt, außerdem kann er im Winter sogar beheizt werden. Er muß vor Einbruch der Dämmerung bestiegen werden, und zwar so leise wie möglich.
Für den Abendansitz besteigt man den Hochsitz am besten am Nachmittag, lange bevor die ersten Tiere zu ihren Äsungsstellen ziehen.
Es empfiehlt sich, einen schmalen Pirschweg zum Hochsitz anzulegen und ihn von Zweigen und Laub freizuhalten. Beides würde unnötigen Lärm verursachen und da Wild verschrecken.

Die Drückjagd

Die Drückjagd ähnelt der Treibjagd. Nur wird hier das Wild durch vorsichtig und ruhig vorgehende Treiber rege gemacht und veranlaßt, die Deckung leise zu verlassen. Hundemeuten sind hier nicht angezeigt, bestenfalls niederläufige, zum Stöbern geeignete Hunde (Deutscher Wachtel-, Fox- oder Jagdterrier), die die Tiere aus dem Unterholz herausstöbern. Das Ziel ist klar: Das Rotwild soll in aller Ruhe die Schützen anwechseln. Normalerweise tut es dies in der hierarchischen Rangordnung, so daß das vorausziehende Leittier geschont wer-

Ein Hirsch liegt auf der Strecke. Alt oder jung – der Zahnabschliff liefert letzte Gewißheit.

den kann und eine selektive Jagd, vor allem auf Kälber und Schmaltiere, möglich ist.

Die Treibjagd mit Hörnern und Rufen

Diese Jagdtechnik wird vor allem in Frankreich und Spanien praktiziert – bei den berühmten „Monterías" – und verlangt eine große Zahl an Teil- nehmern. Die Treibjagd beginnt am frühen Morgen. Man versucht zunächst, die Tiere im Wald zu halten und sucht Pirschzeichen, die Wild vermuten lassen, wie frische Fährten und Äsungsspuren. Anschließend teilt der Jagdleiter jedem Jäger seinen Stand zu, nachdem er die für das Revier gültigen Jagdregeln genannt hat – die Freigabe nach Alter und Geschlecht und die überaus wichtigen Sicherheitsbestimmungen. Dann werden die Hunde auf die frische Fährte geschnallt: In Frage kommen dabei vor allem niederläufige Hundemeuten, Terrier oder Bracken, so zum Beispiel die Grand Anglo-Français Tricolor, die Bassetrassen oder Schweizer Laufhunderassen.

Auf hochflüchtiges Wild, das mit einem einzigen gewaltigen Sprung die Waldwege überflieht, muß der Schuß oft unter beinahe akrobatischen Verhältnissen angetragen werden. Er sollte dabei natürlich trotzdem so zielgerichtet wie möglich sein. Wird das Signal zum Beenden der Jagd gegeben, sollte jedem Verdacht auf einen Krankschuß nachgegangen werden.

Werden Schweiß oder gar Knochensplitter am Anschuß gefunden, muß mit Schweißhunden oder in der Wundfährtenarbeit erfahrenen Hunden nachgesucht werden.

Die Parforcejagd

Diese typisch französische Jagdmethode auf Hirsche stammt noch aus der Feudalzeit und ist in Deutschland als Hetzjagd aus tierschutzrechtlichen Gründen verboten. In Frankreich gibt es immer noch rund dreißig spezialisierte Equipagen, meist in den waldreichen Gebieten der Sologne, im Pariser Becken, in der Normandie oder im Zentralmassiv. Die Jagd beginnt im Morgengrauen mit der Revierkontrolle durch einen Scout, der das zu jagende Wild bestätigen soll. Er fährtet das Revier mit Hilfe eines alten „stummen" Hundes – dem Leithund – ab, der dem Herrn anzeigt, wenn Wild in der Nähe ist. Anhand weiterer Hinweise – Fährten, abgeknickte Zweige, einzelne Trittsiegel im Schlamm oder Gras sowie niedergedrückte Pflanzen – schätzt der Scout Größe,

Gewicht und Geschlecht der sich in der Nähe befindenden Tiere ein. Der Fährtenverlauf wird dann mit einem Bruch – einem abgebrochenen Zweig – am Boden angezeigt. Der Scout berichtet dem Jagdleiter von seiner Vorsuche, dieser wählt nun das Stück aus, das gejagt werden soll. Dann wird die Meute beim Fährtenbruch angesetzt: Wenn der Hirsch nicht sicher bestätigt wurde, werden zunächst nur einige erfahrene feinnasige Hunde zur Suche geschnallt. Ist das Tier jedoch einwandfrei in einem engen Bereich geortet, beginnt die Hetze „auf den Tod“. Die ganze Meute wird nun losgelassen.

Das Wild versucht natürlich, auf jeden Fall der Meute zu entkommen und schreckt dabei auch nicht vor der Durchquerung von Weihern oder Flüssen oder steinigen Wegen zurück, auf denen sich die Spur schwer verfolgen läßt – oft gelingen diese Manöver auch. Ist das Wild allerdings einmal von der Meute umkreist, wird es mit dem Hirschfänger abgefangen oder mit dem Karabiner erlegt.

In Deutschland verboten: die Parforcejagd.

Rehwild

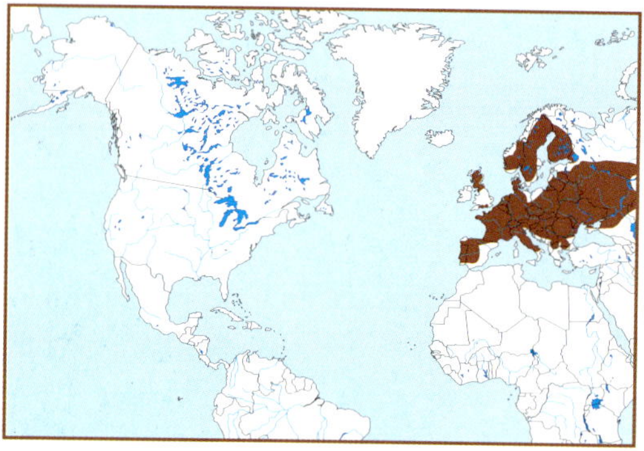

LAT. BEZEICHNUNG:
Capreolus capreolus

Rehe sind erstaunliche Tiere: Im Gegensatz zu vielen anderen Tierarten, die unter den einschneidenden Veränderungen der Landschaften am Ende des letzten Jahrhunderts gelitten haben, hat das Reh in ganz Europa seine Lebensräume erweitern können. In Deutschland, England, Österreich, Frankreich oder der Schweiz: Überall nahmen die Populationen zu.

BESCHREIBUNG

Das Reh, das selten kaum älter als zehn Jahre wird, ist der kleinste Vertreter unter den europäischen Hirschen. Mit seiner geringen Größe von 60-80 cm Schulterhöhe und dem fehlenden Wedel ist es leicht von Rotwild oder Damwild zu unterscheiden. Das Gewicht der Tiere beträgt 20-25 kg, sehr selten über 30 kg. Aus der grauen Winterdecke sticht der weiße Spiegel hervor. Im Frühjahr

Ein Bock, beim Äsen am Waldrand überrascht.

Eine Ricke in der Winterdecke. Sie scheint den Fotografen bemerkt zu haben.

wechselt das Rehwild in die gelblich-braune Sommerdekke.

Die Böcke tragen im Gegensatz zu den Rehgeißen oder Ricken ein Geweih auf dem Kopf, das im November bis Dezember abgeworfen und sofort wieder neu geschoben wird. Das neue Gehörn wird im März bis Anfang Mai verfegt. Eine Unterscheidung zwischen Böcken und Ricken ist auch durch die Form des Spiegels möglich: bei den Ricken ist er herzförmig und hat mit dem hellen Haarbüschel am Feuchtblatt, der sogenannten Schürze, einen „Stiel", bei den Böcken ist er kleiner und eher bohnenförmig.

Das Gehörn des Bockes (hier im Bast) ist unter Jägern eine begehrte Trophäe.

Das Geweih oder Gehörn

Ab dem sechsten Monat schieben die Bockkitze das aus kleinen Knöpfen bestehende Erstlingsgehörn. Dieses fällt drei Monate später wieder ab und das Jährlingsgehörn wird geschoben. Wie bei den Rothirschen wird das Gehörn während seines Aufbaus von der umhüllenden und schützenden Basthaut versorgt.

Ein voll entwickelter Bock besitzt unter guten Lebensbedingungen sechs Enden (drei auf jeder Seite), die Geweihe der Folgejahre werden in der Regel zunächst stärker. Im Alter setzen die Böcke dann schließlich zurück. Es kann auch zu abnormen Verformungen des Geweihs kommen wie wucherartigen „Perückenbildungen", die meist Folge einer Gehörnbeschädigung in der Entwick-

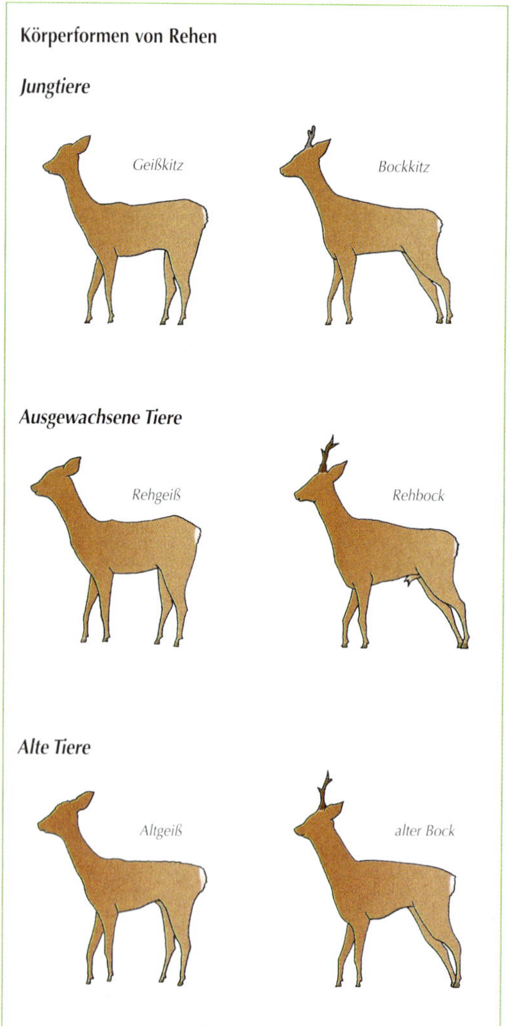

lungszeit sind. Manche Böcke tragen nur endenlose Spieße, die für Rivalen nicht ungefährlich sind – solche sogenannten „Mörder" werden vorzugsweise erlegt.

EINE ERSTAUNLICHE ENTWICKLUNG

Der Populationsanstieg dieser kleinen Hirsche hat mehrere Gründe: die Einführung von

Abschußplänen und genau festgelegten Abschußzahlen, die Bandbreite rehwildtauglicher Biotope (Nieder- und Hochwald) sowie das vom Menschen durch die Landwirtschaft geschaffene Nahrungsangebot. Die Kehrseite der Medaille: Rehe sind parasiten- und seuchengefährdet (Lungen-, Magenwürmer, Rachendassellarven, Leberegel,

Wachstumsstadien des Gehörns

Durchfallerkrankungen) und erleiden dadurch entsprechende Bestandseinbrüche.

LEBENSRAUM

Im Wald

Die anpassungsfähigen Rehe besiedeln alle Waldbereiche, wobei ihnen eigentlich die Grenzbereiche Wald-Feld am meisten zusagen. Die sehr „naschhaften" Tiere ernähren sich mit Vorliebe von Brombeerblättern und anderen Pflanzen, die sie vor allem auf Kahlhiebflächen, auf Lichtungen oder an sonnenbeschienenen Waldrändern finden. Licht und der mehrstufige Aufbau des Waldes sind für diese Tierart besonders wichtig. Als sogenannte „Konzentratselektierer" äsen sie nur proteinhaltige Pflanzenkost und verbeißen auch die Knospen und Triebe junger Bäume.

An den Sträuchern oder jungen Stämmen sind häufig Fegestellen zu sehen, die durch das sogenannte Verfegen, das heißt die Be-

Rehe bevorzugen als Ruhezonen lichte und sonnendurchflutete Wälder.

Ricke mit Kitz beim Äsen auf einer Wiese.

Der Speiseplan von Rehen wechselt mit der Jahreszeit. Im Sommer stehen sie auch im Getreide.

freiung des Gehörns vom Bast, entstehen.
Waldrehe leben meist als Einzelgänger, lediglich im Herbst und Winter stehen Familiensprünge zusammen. Sie umfassen eine Ricke mit ihren beiden Kitzen sowie meist Schmalreh und/oder Jährling, die man auch Vorjahreskitze nennt.

Auf dem Feld

Dank seiner großen Anpassungsfähigkeit hat das Reh seinen Lebensraum auch auf die freie Feldflur ausgedehnt, wo es vor allem in der kalten Jahreszeit in größeren Sprüngen lebt. Solche Gesellschaften gewährleisten eine höhere Sicherheit in der deckungslosen Agrarlandschaft. Der enge Kontakt innerhalb der Gruppe führt in der Regel zu Rivalitäten. Kämpfe sind allerdings selten, da sich unter den Tieren schnell eine Rangordnung herausbildet.
Feldrehe ernähren sich auf den riesigen, winterkahlen Flächen hauptsächlich von Roggen, Raps und Luzerne. Sie scheinen auch große Mengen an Wintergetreide aufzunehmen. Insgesamt sind sie bei ihrer Nahrungsaufnahme sehr flexibel.

VERHALTEN

Fortpflanzung

Die Blattzeit der Rehe findet in der Regel zwischen Mitte Juli und Mitte August statt. Die Böcke treffen dann, wie die Rothirsche, in Kämpfen aufeinander, die jedoch nur ganz selten folgenschwer oder gar tödlich sind. Der Rehbock treibt auch kein Brunftrudel zusammen, sondern steht bei der Geiß, solange diese brunftig ist, und sucht danach ein neues brunftiges Stück. Während der Blattzeit sind die Böcke außerordentlich aktiv und verbrauchen viel Energie.
Nach einer Eiruhe von etwa viereinhalb Monaten beginnt die Entwicklung der Embryonen. Ende Mai, Anfang Juni werden die Kitze – meist zwei, selten drei – gesetzt.

Einzelgänger und Standwild

Rehe sind standorttreue Einzelgänger und können ihr Leben auf nur wenigen Hek-

tar Wald verbringen. Größere Wanderungsbewegungen gibt es bei ihnen in der Regel nicht. Die Reviergröße der Rehe hängt stark von der Lebensraumkapazität (Äsungsangebot) und der Bestandsdichte ab.
Die Böcke markieren ihr Revier durch Duftmarken und dulden keine Rivalen. Vor allem ältere Böcke leben ungesellig, im Winter stehen sie gelegentlich bei anderen Rehen, führen dann aber wieder ihr Einzelgängerdasein fort. Bei Gefahr stößt das Reh einen Warnlaut aus, der einem rauhen Bellen ähnelt – es schmält oder schreckt.

EIN ANPASSUNGSFÄHIGES TIER

Rehe können sich an die unterschiedlichsten Lebensbedingungen anpassen. Sie sind in Wäldern ebenso zu Hause wie auf dem freien Feld, in Sümpfen oder in der Macchia. In Deutschland besiedeln sie sowohl die waldarmen Gebiete des Nordens, ja sogar die meisten Nord- und Ostseeinseln, wie auch die Mittelgebirge und den Alpenraum bis in große Höhen. In ganz Frankreich sind sie ebenfalls zu finden, nur Korsika ist rehwildfrei.

EIN WILD MIT ZUKUNFT

Zur großen Freude der Jäger, Tier- und Naturfreunde besitzt das Reh eine aussichtsreiche Zukunft, da es sich auch in Regionen verbreiten kann, in denen es bisher nur wenig vorkommt.

Alte Böcke sind ausgeprägte Einzelgänger.

In Forstkulturen können Rehe beträchtliche Schäden anrichten.

Vergleicht man zum Beispiel die Abschußzahlen 1998/99 in Dänemark (300 000 Stück) und Deutschland (1 034 925) mit den bejagbaren Flächen dieser Länder, wird deutlich, welches Entwicklungspotential in dieser Wildart steckt.

Großer Bestand – große Schäden

Während Rehe in den Getreideanbaugebieten nur geringe Schäden verursachen, kann ein zu großer Bestand den Waldbauern doch große Probleme bereiten, vor allem hinsichtlich verbißempfindlicher Baumarten. Waldbauern sehen nur ungern die Zahl der Rehe wachsen, denn diese äsen in Naturverjüngungen die Knospen und nicht verholzten Triebe. Aus diesem Grund plädieren die Waldbesitzerverbände auch immer wieder für höhere Abschußzahlen.

In manchen typischen Hasenrevieren beklagen sich sogar die Jäger über den Äsungskonkurrenten Reh.

DAS BEJAGEN

Die Treibjagd

Jedes Land jagt Rehe mit anderen Schwerpunkten. In England, Schottland, Österreich und Deutschland spielen Pirsch und Ansitzjagd eine wichtige Rolle. In Frankreich und in der Schweiz werden Rehe gern per Treibjagd bejagt.

Disziplinierte und erfahrene Treiber

Die laute Treibjagd erfolgt meist im Wald und setzt versierte Schützen voraus. Die Treiber müssen dabei sehr diszipliniert vorgehen, in einer Linie bleiben und dürfen nicht zu schnell laufen. Sie werden dabei manchmal von stöbernden Hunden, wie zum Beispiel Bracken unterstützt. Für eine erfolgreiche Jagd sollten die Treiber, gleich ob unbewaffnet oder Durchgehschützen, einem Obertreiber oder erfahrenen Jäger unterstellt werden, der genaue Anweisungen erteilt: Beginn des Treibens, Vorgehen, Anhalten, Linie neu ausrichten, Ende des Treibens.

Eine Brackenmeute wartet auf Anweisung: Die Treibjagd kann beginnen!

Beginn und Ende der Jagd wie auch den Verlauf des Treibens müssen natürlich auch die Schützen kennen. Das Ende des Treibens wird mit einem Hornsignal angezeigt oder vorher nach Uhrzeit festgelegt. Ab diesem Zeitpunkt darf kein Schuß mehr abgegeben werden.

Wird diese Regel nicht befolgt, handelt es sich um einen schweren Verstoß gegen die Sicherheitsbestimmungen, da eine große Gefahr für die Teilnehmer besteht.

Der Bock steht breit im hohen Gras – kann jetzt geschossen werden?

Ein klassisches Vorgehen besteht darin, ein oder zwei Schützen im Rücken der Treiberlinie zur Sicherung des Rückwechsels aufzustellen. Häufig lassen sich Rehe nämlich von der Treiberlinie überlaufen und wechseln nach hinten aus. Man schießt die Tiere nach Maßgabe des Jagdscheins und der Freigabe durch den Jagdleiter; eine weitergehende individuelle Selektion ist beim raschen Schuß meist nicht möglich. Wichtig ist, vor allem bei schlechten Schüssen, eine sorgfältige und direkte Versorgung des Wildes, damit das Wildbret nicht verdirbt.

Der Erfolg einer solchen Treibjagd steht und fällt mit der Disziplin der Teilnehmer und einer guten Organisa-

tion. Unverzichtbar ist auch die Einhaltung der Sicherheitsregeln.
Der Schuß darf schließlich nur dann angetragen werden, wenn das Wild einwandfrei als freigegeben angesprochen ist.

Eine gesellige Jagd
In Deutschland ist die laute Treibjagd auf Rehe vielerorts verpönt, in Frankreich hat sie dagegen eine ausgeprägte Tradition. Sie hat dort über Jahrhunderte ihre gesellschaftliche Bedeutung bewahrt und findet bis heute statt.
Die Aufteilung der Stücke und die Jägersmahlzeit sind die Fortsetzung eines einst für die Gemeinschaft lebensnotwendigen Jagdrituals.

Von einem solchen Ansitz läßt sich der Verlauf der Treibjagd gut verfolgen.

Die Wahl der Waffe
Auf der Treibjagd macht der Gebrauch eines Einzelladers wenig Sinn. Eine Repetier- oder Selbstladebüchse ist am besten geeignet, für das eher leichte Tier ist ein Kaliber .243 Win ausreichend. Gerade bei solchen Jagden sind möglichst saubere Blattschüsse wichtig, da die Nachsuchenarbeit bei vielen Wundfährten in einem Treiben deutlich erschwert ist. Wichtig ist auch die verwendete Munition: Das Geschoß muß genügend Energie im Wildkörper abgeben, aber auch einen Ausschuß gewährleisten. Ein sauber angetragener Schuß ist immer die beste Lösung.
Hier einige Beispiele für geeignete Rehwildpatronen: das Kegelspitz (KS) von RWS, das ABC von Hirtenberger und das Soft Point von Winchester.

Die Bewegungs- oder Drückjagd
Diese Variante der Treibjagd ist in Deutschland sehr verbreitet. Die Treiber bewegen sich langsam und ruhig vorwärts, um das Wild nicht aufzuschrecken. Sind stöbernde Hunde beteiligt, muß sehr weiträumig abgestellt werden. Die Tiere sollen die Linie der Schützen ruhig ziehend passieren, so daß man

sie leicht ansprechen kann. Bei klassischen lauten Treibjagden ist dies kaum möglich, da hier die Tiere meist hochflüchtig kommen.

Die Pirsch erlaubt selektive Abschüsse, mit denen kranke oder überzählige Tiere ausgesondert werden können.

Die Pirsch

Die Pirsch ist eine recht erfolgreiche Jagdtechnik für die Rehwildjagd. Sie ist vor allem in Großbritannien, Deutschland und in Frankreich sehr beliebt.

Diese Jagdmethode verlangt großes Können. Die Pirsch ist im Morgengrauen oder in der Abenddämmerung, wenn die Tiere zu den Äsungsstellen wechseln, am erfolgreichsten.

Ein Jäger auf der Pirsch sollte sich im Wald so unauffällig wie möglich verhalten: Er muß möglichst dezent gekleidet sein und jedes Geräusch vermeiden. Mit ein wenig Erfahrung kann man so die meisten Tiere bis auf kurze Entfernung anpirschen: Rehe, aber auch Wildschweine, Hasen und Kaninchen.

Die Ausrüstung

Die Ausrüstung besteht aus einem Fernglas mit hoher Dämmerungsleistung (Vergrößerungen 7-10fach, Objektivdurchmesser 50 mm und mehr), die, sobald es dunkel wird, unabdingbar ist. Das Gewehr sollte ebenfalls ein lichtstarkes Zielfernrohr mit variabler Vergrößerung aufweisen.

Sorgfältige Auswahl

Die Pirsch ermöglicht eine selektive Bejagung nach wildbiologischen Kriterien: Grundsätzlich versucht man, schwache und schlecht konditionierte Tiere zu erlegen, ebenso Böcke mit Geweihanomalien. Vor allem aber gilt die Jagd der Jugendklasse. Eine vernünftige Hege des Wildes wird oft mit „braven" Geweihen belohnt. Die stärksten Trophäen tragen gesunde vier- bis siebenjährige Böcke, danach setzen sie langsam zurück.

Der Lohn einer anstrengenden Jagd.

Der Schuß

Der Schuß auf Rehe ist mit allen Kugelwaffen geeigneten Kalibers möglich. Einige Jäger bevorzugen je nach Geschmack Gewehre mit Stecher (mit geringem Abzugsgewicht), andere schwören auf einen fein eingestellten Flintenlaufabzug.

Ein Ziel- oder Pirschstock erleichtert die sichere Schußabgabe. Die Zielhilfen kann man kaufen oder aber auch selbst bauen.

Was den eigentlichen Schuß anbelangt, sollte er in jedem Fall aus der Nähe erfolgen und nicht auf Entfernungen von mehr als 100 m abgegeben werden.

Die Parforcejagd

Die Parforcejagd auf Rehe ist eine französische und belgische Spezialität. In Deutschland wird sie von den Jägern abgelehnt und ist aus Gründen des Tierschutzes gesetzlich verboten.

Das Wild wird bei dieser Jagd von den Hunden bis zur völligen Erschöpfung gehetzt und von diesen auch niedergezogen.

Die Equipage

Die Parforcejagd wird seit vielen Jahrhunderten ausgeübt, ihre Regeln, wie sie in der heutigen Form noch gültig sind, entstanden ungefähr im 17. Jahrhundert.

Grundeinheit der Parforcejagden sind die Equipagen. Oft sind mehrere Gruppen gemeinsam organisiert und werden von einem oder mehreren maîtres d'équipage geleitet.

Die Jagdgesellschaft

Die Mitglieder und Förderer einer Equipage sind in Frankreich in der Société de Vénerie zusammengefaßt, einem eingetragenen Verein, der 1907 gegründet wurde.

Die rund 300 Equipagen der Parforcejagden, die es heute noch gibt, sind schließlich in einem eigenen Verband organisiert: der Association Française des Équipages de Vénerie.

Die Parforcejagd auf Rehe – in Deutschland verboten.

Die Meute

Die Parforcejagd auf Rehe ist eine schwierige Angelegenheit und läßt sich nicht so einfach erlernen: Die Fährte (der Geruch) des Rehs ist sehr schwach, und zudem sind Rehe sehr listige Tiere. Eine gute Equipage wird vielleicht in einem von drei Fällen Erfolg haben.

In der Regel umfaßt eine Meute zwischen 30 und 40 Hunden. Große, schnelle und widerstandsfähige Hunde wie die Gascon-Saintongeois und Poitevins sind entsprechend sehr beliebt.

REHE AUS FRANKREICH IN ISRAEL

Die Ansiedlung von Rehen aus Chizé (Frankreich) in dem nordisraelischen Schutzgebiet im Carmelgebirge verlief nicht ohne Schwierigkeiten. Israel bildet die südliche Grenze des natürlichen Verbreitungsgebiets von Rehen. Aus dieser Gegend waren die Tiere vor sechzig Jahren verschwunden.

Das Schutzgebiet im Carmelgebirge mit einer Größe von 2500 ha liegt nahe der Stadt Haifa. Von den mit Korkeichen, Johannisbrot-, Oliven- und Mastixbäumen bewachsenen Hügeln erkennt man den Turm der Universität der Stadt. Das Ansiedlungsprogramm für Rehe dort ist Teil einer Politik zur Aufwertung des natürlichen Lebensraumes und der Fauna: Heute findet man in dieser Region Strauße, seltene Antilopen und sogar das mesopotamische Damwild. Die Tiere aus dem Wald von Chizé müssen sich hier an harte Lebensbedingungen anpassen: Von vier ausgesetzten Tieren starben drei – sie wurden von Schakalen oder Wildschweinen getötet, von denen es in dieser Gegend sehr große Exemplare gibt.

Ein weiteres Tier ist unauffindbar, vielleicht fiel es Wilddieben zum Opfer. Insgesamt leben heute noch sechzehn Tiere in dem Gebiet.

Der Abschußplan

Wie entsteht ein Abschußplan? In Deutschland beantragt der Jagdausübungsberechtigte den Abschußplan auf festgelegten Formblättern. Darin werden Angaben über das Revier, den Rehbestand und die gewünschte Strecke gemacht.

Der Antrag wird bei der Unteren Jagdbehörde, dem Kreisjagdamt, eingereicht, wo über die Festsetzung der Abschußzahlen ein Ausschuß entscheidet. Dieser Kommission gehören Vertreter von Landwirtschaft, Forstwirtschaft und Jagdverbänden an.

Grundlage der Entscheidung ist das Forstliche Verbißgutachten, das in dreijährigem Turnus für jedes Revier erstellt wird. Es trifft Aussagen über die Verbißbelastung auf den Verjüngungsflächen der Hauptbaumarten. So kann es sein, daß der Abschuß bei untragbaren Verbißschäden höher als beantragt festgesetzt wird, oder aber auch beibehalten oder gar gesenkt wird. Ziel der Rehwildregulation ist es, den Zuwachs eines Jahres abzuschöpfen. Dementsprechend werden etwa 50 Prozent des Abschusses mit Kitzen und einjährigen Tieren erfüllt.

Wildschwein

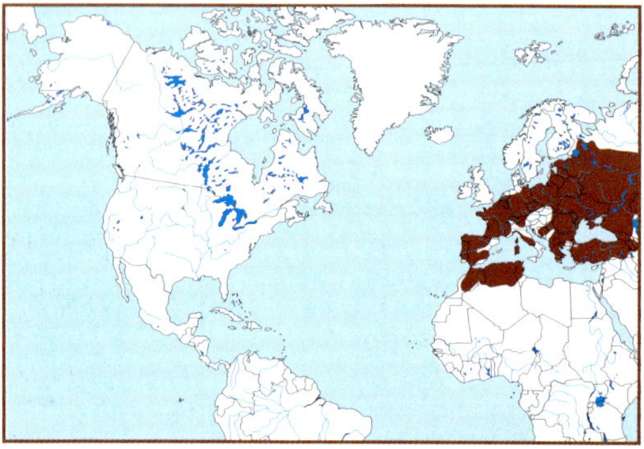

Lat. Bezeichnung:
Sus scrofa

Keiler im Gebräch: Den fotografierenden Eindringling hat er dennoch eräugt...

Ebenso wie das Reh hat sich auch das Wildschwein in rasanter Weise über ganz Europa verbreitet. Der Anstieg der Bestände ist wegen zunehmender Schäden in der Landwirtschaft und des Auftretens der Schweinepest problematisch.

BESCHREIBUNG

Das Wildschwein, Stammform des Hausschweins, gehört zur Familie der Schweine (Suidae) und ist mit verschiedenen Unterarten auf allen Kontinenten anzutreffen. Kreuzungen zwischen Wild- und Hausschweinen waren früher recht häufig und kommen auch heute gelegentlich vor; sie sind oft zweifarbig gescheckt. Auf Korsika gibt es heute überhaupt keine reinrassigen Wildschweine mehr.

Wie das Hausschwein ist auch das Wildschwein ein Allesfresser. Bei der Nahrungssuche wühlt es mit dem Gebrech den Boden auf und hinterläßt auf diese Weise für den Jäger eindeutige Zeichen. Wildschweine können auf der Suche nach begehrten Setzkartoffeln innerhalb weniger Stunden ein ganzes Kartoffelfeld umpflügen.

Der Vorderkopf des Wildschweins wird auch Wurf genannt.

Typische Merkmale des Wildschweins sind die verlängerten Eckzähne, die vor allem beim Keiler kräftig entwickelt sind. Sein Gewaff besteht aus langen, weißen und rasiermesserscharfen Hauern oder Gewehren des Unterkiefers und den kürzeren Haderern des Oberkiefers. Die vier Eckzähne der weiblichen Tiere, die Haken, sind deutlich schwächer ausgebildet.

Die Sommerschwarte ausgewachsener Wildschweine ist hell- bis silbriggrau, die dichte, dickborstige Winterschwarte meist fast schwarz.

Das Wildschwein sucht als Allesfresser auch in Wiesen mit großer Gräser- und Kräutervielfalt nach Fraß.

LEBENSRAUM

Wildschweine oder Sauen halten sich tagsüber bevorzugt im Wald auf, nutzen mitunter aber auch kleine Gehölze, dichte Strauchhecken oder große Getreide- und Maisschläge als Tageseinstand.

Sauen sind ausgeprägt soziale Tiere und leben, mit Ausnahme älterer Keiler, in Rotten. Wo gejagt wird, sind sie fast ausschließlich nachtaktiv und können in Ausnahmefällen in einer Nacht Wanderungen von 20-30 km unternehmen. Das Streifgebiet umfaßt je nach Nahrungsangebot und -verteilung mehrere Tau-

VORBEUGEN GEGEN WILDSCHÄDEN

Wildschweine können auf Feldern enorme Schäden anrichten. Wildscheuchen und Schreckschußanlagen helfen da nur wenig. Elektrische Zäune und Ablenkfütterung sind wirksamer. In Deutschland kirrt man vor allem mit Mais: In Flaschen gefüllt und nur portionsweise verfügbar, beschäftigt dieser die Tiere über längere Zeit. Den gleichen Effekt hat eine an einen Baum gekettete Plastik- oder Aluminiumtonne mit Löchern. Ebenso kann man den Mais in kleine Bodenlöcher oder -gräben geben und anschließend mit Steinen oder schweren Holzstücken abdecken. Achtung: Eine Ablenkkirrung darf keine Schweinemastanlage sein.

Wildschwein

Wildschweine lieben nasse Böden.

send Hektar. Aus diesem Grund ist die revierübergreifende Bewirtschaftung sinnvoll, zu der sich in Deutschland oft verschiedene Reviere einer Region in einem Schwarzwildhegering zusammenschließen.

Bachen sind, wenn sie nicht gestört werden, sehr reviertreu und durchstreifen Gebiete von weniger als 5 km Durchmesser. Ältere, einzeln lebende Keiler sind grundsätzlich sehr unstet und „wanderfreudiger".

Nur bei fehlendem Jagddruck sind Sauen auch tagsüber aktiv; sonst ruhen sie über weite Strecken des Tages in ihrem Kessel in völliger Deckung. Der saisonalen Veränderung des Nahrungsangebots entsprechend, wechseln Sauen ihren Einstand.

NAHRUNG

Wildschweine leben im Wald und sind – wie der Mensch – Allesfresser: Eicheln und Bucheckern sind wichtige Nahrungsbestandteile, aber auch Korn, Gräser, Wurzeln, Hülsenfrüchte und nicht zuletzt Aas, Eier und kleine Tiere werden genommen. Die Qualität der Nahrung hat großen Einfluß auf die Populationen: So sind die überdurchschnittlich häufigen starken Eichen- und Buchenmasten der letzten Jahrzehnte ein Grund für den Bestandsanstieg. Aufgrund des reichen Nahrungsangebotes sind häufig schon einjährige Bachen an der Fortpflanzung beteiligt, bisweilen frischen Bachen zweimal im Jahr.

VERHALTEN

Fortpflanzung

Die Rauschzeit liegt zwischen November und Januar, und nach etwa 16-17 Wochen Tragzeit frischt die Bache drei bis sechs Frisch-

Das Schlammbad der Wildschweine heißt Suhle. Der anschließend zum Scheuern aufgesuchte Malbaum muß eine dicke Borke haben.

Keiler in der Rauschzeit: Er setzt Duftmarken an den Bäumen und signalisiert damit möglichen Rivalen: Hier bin ich!

Wildschwein

Frischlinge mit typischem Streifenmuster.

Im Kessel: Die Frischlinge werden zwei bis drei Monate von der Bache gesäugt.

linge. Nach etwa drei Monaten verlieren diese ihre Streifen. Ein Tier im zweiten Lebensjahr nennt man Überläufer, ab dem dritten Grobe Sau. Den Keiler bezeichnet der Jäger je nach Alter als angehendes Schwein, hauendes Schwein, Hauptschwein oder Basse. Mehrere Bachen bilden mit ihren Frischlingen größere Rotten, die von einer erfahrenen Leitbache geführt werden. Im Alter von einem Jahr verlassen die männlichen Tiere ihre Mütter und bilden Überläuferrotten oder Rotten aus etwa gleich alten jüngeren Tieren. Im Winter lassen sich die bräunlich gefärbten Frischlinge und Überläufer von den meist fast schwarzen älteren Stücken gut unterscheiden. Bei älteren Tieren erfordert die Unterscheidung nach Geschlecht und Alter viel Erfahrung.

PIRSCHZEICHEN DES WILDSCHWEINS

Da Wildschweine sich unter normalen Verhältnissen beinahe ausschließlich in der Dämmerung oder in der Nacht auf Nahrungssuche begeben, sind sie am Tag sehr selten zu sehen. Sie hinterlassen jedoch für jedermann untrügliche Zeichen ihrer Anwesenheit.

Das Trittsiegel

Das Trittsiegel des ausgewachsenen Wildschweins ist 6-8 cm lang und besteht aus dem vorderen Schalenpaar und dem Geäfter und ist bei anderem Schalenwild nur in der Fluchtfährte erkennbar. Die Abdrücke der Afterklauen liegen seitlich nach außen versetzt hinter denen der vorderen Schalen.
Das Schalenpaar des Keilers ist oft etwas stumpfer und enger beieinander liegend als das der Bache. Größe, Tiefe und Form des Abdrucks lassen auf Gewicht, Alter und das Geschlecht der Sau schließen.

Das Fährtenbild

Die Schrittweite ausgewachsener Tiere beträgt je nach Alter und Geschlecht 25-45 cm, die Schränkung (seitlicher Abstand der Trittsiegel zur Körpermittenlinie) liefert ebenfalls Hinweise.

Fraßspuren oder Gebräch

Beim Anblick dieser Spuren könnte man meinen, ein Traktor sei am Werk gewe-

sen: Wildschweine pflügen den Boden im Wald und auf dem Feld auf der Suche nach Eicheln, Bucheckern, Kartoffeln oder Wurzeln förmlich um. Wenn sie nach Maden, Engerlingen oder anderen Insekten unter der Bodenoberfläche wühlen, hinterlassen sie Schäden in Form flacher Gräben. Haben sie einmal Wurzelknollen oder ein Mäusenest aufgespürt, durchfurchen sie den Boden sogar zentimetertief mit ihrem Gebrech.

Der Kot oder die Losung
Die Losung eines Wildschweins ist etwa 10 cm lang und besteht aus langen, kugelig angeordneten Würsten von dunkler Farbe.

Das Lager
Das Lager der einzelnen Sau oder der Kessel der Rotte sind eine oder mehrere einfache, gescharrte Kuhlen, immer trocken und in windgeschützter Lage. Die Tiere legen Lager oder Kessel in sehr dichten und undurchdringlichen Dickungen oder in Strauchwerk im Wald an, um vor Störungen sicher zu sein.

Wildschwein in der kurzborstigen und silbergrauen Sommerschwarte.

Die Suhle
Nicht mit dem Lager zu verwechseln ist die Suhle – ein kleines Schlammloch, in dem sich die Tiere erfrischen. Noch ausgeprägter als Rotwild lieben es Wildschweine, sich im Schlamm zu wälzen und dann an Malbäumen zu reiben. Dies ist wichtiger Bestandteil ihrer Körperpflege: Die Schwarte wird so mit einer schützenden Schicht gegen Parasiten überzogen, die im Sommer außerdem kühlt.

Die Rotte: Welches der beiden stärkeren Stücke ist die Leitbache?

STANDWILD ODER WECHSELWILD?

Früher nahm man an, daß Wildschweine umherziehen und dabei beträchtliche Strecken zurücklegen. Wildschweine sind jedoch weitaus standorttreuer als man noch zu Beginn des Jahrhunderts vermutete – wenngleich einzelne Stücke, vor allem Keiler, mitunter weit umherziehen.
In manchen Ländern wurde inzwischen das Raumnutzungsverhalten des Schwarzwildes mittels Telemetrie (Senderhalsbänder an kurzzeitig gefangenen Tieren) untersucht. Ergebnis: In vielen Regionen ist das Streifgebiet im Jahresverlauf bei einer ausreichenden Zahl geschlechtsreifer Tiere im Bestand nicht größer als 5000 ha. In einer Untersuchung in Südfrankreich wurden über die Hälfte der markierten Tiere in der Umgebung ihres Geburtsortes erlegt, weniger als 5 km vom Fangort ent-

Die Treibjagd hat auch gesellschaftliche Bedeutung.

fernt. Innerhalb eines 10-km-Radius waren es 73,1 Prozent der Tiere. Große Wanderungen über mehr als 40 km wurden lediglich an 4,3 Prozent der Tiere beobachtet – bei diesen „Nomaden" handelt es sich meist um aufgezogene Tiere, die zur nötigen Bestandsergänzung ausgewildert worden waren. Den Rekord stellt ein Tier auf, das 141 km von seinem Markierungsort erlegt wurde.

DIE VORTEILE DER HEGE

In Deutschland hat die ganzheitliche, wildbiologisch ausgerichtete Schwarzwildbewirtschaftung längere Tradition. Bekannt ist in dieser Hinsicht das sogenannte „Lüneburger Modell".

Die Erfahrungen wurden mittlerweile auch außerhalb Deutschlands übernommen: Der Abschuß gilt vor allem der Jugendklasse, das heißt Frischlingen und Überläufern. Leitbachen sind unbedingt zu schonen, einzelne „Beibachen" können nach eindeutiger Bestätigung auf der Einzeljagd geschossen werden, da ihre Frischlinge im Rottenverband verbleiben. Ablenkkirrungen im Wald sollen die Schäden in der Feldflur minimieren. Bei Drückjagden als bevorzugter Jagdmethode muß durch weiträumiges Abstellen sichergestellt werden, daß die Sauen langsam anwechseln und einwandfrei angesprochen werden können – trotz dieser vernünftigen Grundsätze erliegen Jäger immer wieder dem „Saufieber" und weichen von den Regeln ab. Vor allem in Italien und im Süden Frankreichs schlagen die Herzen beim Gedanken an das Schwarzwild höher.

Ein lernfähiges Tier

Ob auf der Treibjagd oder der Pirsch – für die Jagd auf Wildschweine gibt es keine Erfolgsgarantie. Die außergewöhnlich klugen Tiere sind bekannt für ihre Fähigkeit, den ansitzenden oder vorgestellten Jäger frühzeitig wahrzunehmen. Ist dies gesche-

DAS RICHTIGE KALIBER

Die Jagd auf Wildschweine ist mit Kalibern unter 7 mm nicht zu empfehlen. Über 9 mm sind hingegen nicht erforderlich. Die richtige Wahl liegt also zwischen beiden Geschoßdurchmessern und umfaßt eine Reihe von rund dreißig verschiedenen Kalibern. Klassische Kaliber sind das .30-06, das .300 Win. Mag. und das 7 x 64 bzw. 8 x 57 JRS. Das altbewährte Brenneke, das als Flintenlaufgeschoß aus Schrotläufen verschossen wird, ist auf kurze Entfernungen ebenfalls sehr wirkungsvoll. Bis auf 50 m läßt es recht genaue Schüsse zu. Bei größeren Entfernungen sollte man dann aber auf einen gezogenen Lauf zurückgreifen.

Das Wildschwein konnte dank des erfahrenen Nachsuchen-Spezialisten doch noch aufgefunden werden.

hen, wählen sie ihren Fluchtwechsel nicht selten „metergenau“ an der Gefahrenzone vorbei. Haben Sauen erkannt, daß ihr Einstand von Schützen dicht umstellt ist, sind sie unter Umständen gar nicht mehr zum Verlassen der Deckung zu bewegen. Erfahrene Stücke können mit fast unglaublicher Unauffälligkeit auswechseln oder aber sich so geschickt drücken, daß sie nur noch von sehr scharfen Hunden gefunden und auf die Läufe gebracht werden können. Nicht selten verläßt ein Teil der Sauen das Treiben auch erst, nachdem die Jagd abgeblasen und die Waffen entladen worden sind.

Ein begehrtes Jagdwild

Jede Wildschweinjagd, auch wenn es sich dabei nicht um die Jagd auf einen alten Einzelgänger handelt, wird dem Jäger in Erinnerung bleiben. In vielen Ländern wird von dem Jäger, der seine erste Sau geschossen hat, erwartet, daß er sich bestimmten Ritualen unterzieht, mit denen er in den Kreis der „Saujäger“ aufgenommen wird. Diese Bräuche gibt es beispielsweise in Deutschland oder bei den Monterías in Spanien. Über den Sinn dieser Rituale kann man streiten.

Die Jagd mit Hunden

Für den Erfolg von Treib- bzw. Drückjagden auf Sauen ist der Einsatz schwarzwildscharfer Hunde zum Finden der Sauen und Sprengen der Rotten meist von entscheidender Bedeutung. Nicht alle Hunde lieben die Jagd auf Wildschweine und bringen die notwendige Schärfe mit.

Saumeute oder Einzeljäger: Gute Hunde sind bei der Schwarzwilddrückjagd wichtig.

Schußzeichen beim Schwarzwild

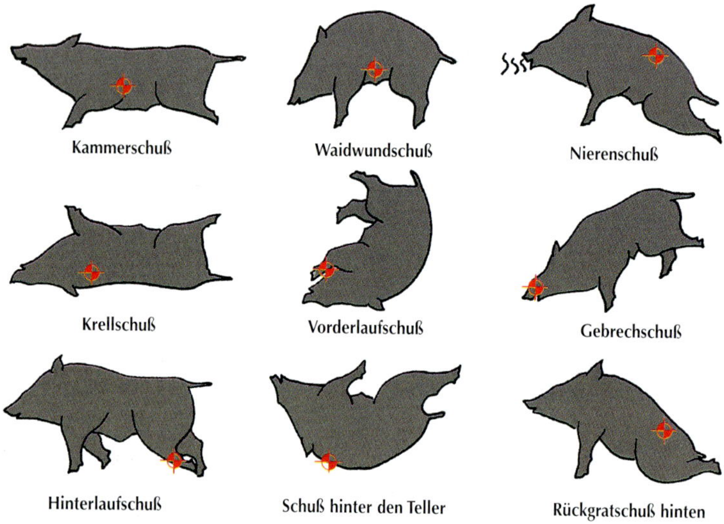

Ein guter Treiber

Ein guter Treiber darf auch bei der Jagd auf Sauen ohne Anweisung des Jagdleiters nie die Linie verlassen und muß bereit sein, auch dichteste Brombeersträucher zu durchkämmen. Mit den anderen Treibern muß er permanenten Rufkontakt halten und jederzeit zur Hilfe eilen, wenn die Hunde Standlaut geben. In Deutschland darf der durchgehende Treiber, wenn er Jäger ist, nach neuen gesetzlichen Bestimmungen die Schußwaffe nur noch für den Fangschuß auf verletztes Wild einsetzen. Ein von den Hunden gestelltes Stück muß er gegebenenfalls herausscheuchen. Ist das Stück verletzt und ein Fangschuß der Hunde wegen zu gefährlich, muß der Jäger es mit der „kalten Waffe" (Messer) abfangen. Viele Sauen haben Erfahrung mit der Bejagung: Sie lassen sich gerne „überlaufen", um nach hinten auszuwechseln. Deshalb sollte immer auch der Rückwechsel mit Schützen besetzt sein. Den Hunden stellen sie sich häufig verteidigungsbereit – und in die Enge getrieben können sie Hunden wie Treibern gefährlich werden.

Erst ansprechen... und dann gut schießen

Wildschweine sind extrem harte Tiere. Es kann durchaus vorkommen, daß sie einen Treffer mit einer großkalibrigen Kugel (zum Beispiel .375 H & H) quittieren, als sei nichts geschehen. Nicht das Kaliber entscheidet über den Erfolg des Schusses, sondern der Sitz der Kugel. Eine Kugel in den Träger – hinter den Teller – oder in die Kammer (Herz, Lunge) ist tödlich, während ein Waidwundschuß (Weidsack, Darm), ein Lebertreffer oder ein Laufschuß meist eine schwierige und oft erfolglose Nachsuche bedeutet. So wichtig es ist, vor dem Schuß das Stück richtig anzusprechen, so sinnvoll ist es, nur sichere Schüsse anzutragen. Unüberlegte Schüsse gefährden die anderen Jagdteilnehmer und bergen das Risiko, von einer angeschweißten Sau angenommen und geschlagen zu werden.

Aus gutem Grund steht daher jedem Jagdleiter der Schweiß auf der Stirn, wenn er Wildschweinjagden für Jäger organisiert, die sonst nur Niederwild jagen. Erfahrung, aber auch Geduld sind wichtige Eigenschaften des Saujägers.

Worauf wird geschossen?

Auf keinen Fall auf Bachen, da es sich hierbei in der Regel um führende Stücke handelt, die „bewußt" die Hunde auf sich ziehen und ohne Frischlinge flüchten. Häufig werden bei Drückjagden nur Tiere bis 40 oder 50 kg freigegeben, um den Abschuß führender Bachen auszuschließen – nicht jedem Jäger gelingt „im Eifer des Gefechts" die Unterscheidung zwischen Keiler und Bache.

Am Boden „festgesaugt" folgt dieser Schweißhund der Fährte.

Vorsicht vor verletzten Wildschweinen

Tödliche Schüsse sitzen in der Regel in der Kammer, hinter dem Teller auf dem Träger oder auf dem Kopf (Hirn, nicht Gebrech!). Andere Treffer verursachen nur leichte oder schwere Verletzungen und bedeuten – wenn überhaupt – einen langen und qualvollen Tod. Ein getroffenes Wildschwein ist noch lange kein totes Wildschwein. Sauen zeichnen nach Treffern oft kaum oder gar nicht. In jedem Fall sollte man im Anschuß nach Pirsch-

Am langen Riemen: Kurze Todsuche oder langwierige Nachsuche mit anschließender Hetze?

Dieser Hochsitz steht gut. Die Sau bricht in kurzer Entfernung davor.

zeichen oder, als Zeichen eines Fehlschusses, nach dem Kugelriß im Boden suchen. Wenn ein letzter Zweifel bleibt, muß eine Kontrollsuche oder Nachsuche mit dem Hund durchgeführt werden. In diesem Fall wird der Anschuß mit einem Bruch (abgebrochener Zweig), einem weißen Taschentuch oder ähnlichem markiert. Mit einem guten Schweißhund wie dem Hannoverschen Schweißhund und dem Bayerischen Gebirgsschweißhund kann das Tier vielleicht gefunden werden. Verletzte Wildschweine sind extrem gefährlich und schlagen in Bedrängnis Hunde oder Menschen sofort.

ÖFTER AUF DEN SCHIESSTAND

Zum Einschießen der Waffe oder zur Vorbereitung auf die Drückjagdsaison gibt es keinen besseren Ort als den Schießstand. Der „Laufende Keiler" wird auf Schienen in 50 oder 60 m Entfernung gezogen und verträgt schlechte Schüsse besser als lebendes Wild. Leider nutzen zu wenig Jäger diese hervorragende Übungsmöglichkeit.

Ist die angeschweißte Sau im Wundbett ausgemacht, sollte man versuchen, sich ihr unbemerkt zu nähern und den Fangschuß anzutragen. Hierbei ist der erfahrene Hund eine große Hilfe.

Die Jagd vom Hochsitz

Wildschweine werden auch gerne vom Hochsitz aus in der Nähe von Wechseln oder bekannten Fraßplätzen bejagt. Der Jäger besteigt den Hochsitz, bevor die Sauen aktiv werden, das heißt vor der Morgen- oder Abenddämmerung. Vom Hochsitz aus kann man die Tiere meist länger ansprechen und dann Selektivabschüsse vornehmen.

Zahme Wildschweine

Werden bei einer Drückjagd entgegen der Freigabe führende Bachen erlegt, sind ihre Frischlinge zunächst verwaist. Fällt sogar eine Leitbache, ist der Rottenverband meist dauerhaft zerstört, so daß verwaiste Frischlinge allein bleiben. Führungslose, unerfahrene Frischlinge haben noch keine ausgeprägte Scheu vor dem Menschen und werden gelegentlich eingefangen. Bevor man dies tut, sollte man sich vor Augen halten, daß unter der Schwarte der zahmen Schweine das Herz eines Wildtiers schlägt, und daß ein ausgewachsenes Wildschwein nichts mit einem Frischling gemein hat. Immer wieder kommt es bei der „Adoption" von Wildschweinen zu Unfällen. Besonders Keiler werden mit zunehmendem Alter sehr gefährliche Haustiere. Sie betrachten den Menschen bald als „Sparringspartner" – eine Rolle, die nicht selten mit üblen Verletzungen bezahlt wird. Wenn man schon einen verwaisten Frischling angenommen hat, sollte man frühzeitig mit einem Wildgehege bezüglich seines weiteren Verbleibs Kontakt aufnehmen.

Eine Rotte überfällt die deckungslose Freifläche: an der Spitze die führende Bache, dahinter die Frischlinge.

Muffelwild

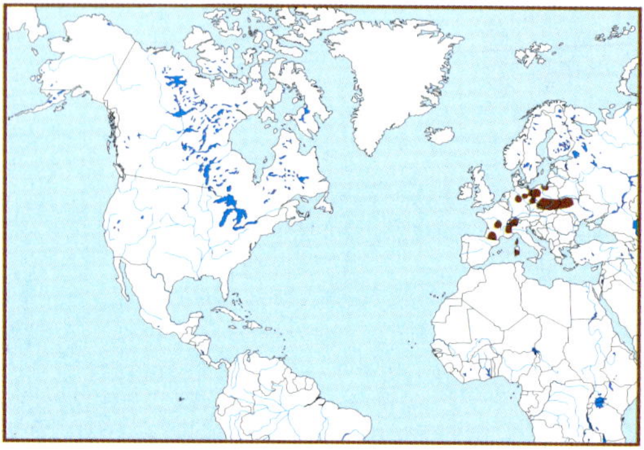

Lat. Bezeichnung:
Ovis gmelini musimon

Fürst Bonaparte nannte sie „Antilopen", Buffon bezeichnete sie als „Wildschafe". Das für die Bergwelt Korsikas und für Sardinien typische Muffelwild soll Nachkomme von verwilderten Hausschafen sein, die im Neolithikum auf die Inseln gebracht wurden.

GROSSE ANPASSUNGSFÄHIGKEIT

Mufflons wurden schon Mitte des 19. Jahrhunderts in Mitteleuropa, dann in Westeuropa (in Deutschland 1902) und schließlich auch außerhalb Europas (Vereinigte Staaten von Amerika, Rußland, Hawaii, Kerguelen) angesiedelt. Dabei kam es zu zahllosen Kreuzungen zwischen Hausschafen und Mufflons.

Der weltweite Bestand wird auf rund 25 000 Stück geschätzt, in Frankreich sollen es auf dem Festland etwa 4500 sein. Der derzeitige Bestand auf Korsika beläuft sich auf 400 bis 600 Tiere, die vor allem an den Hängen des Monte Cinto und den Gipfeln des Bavella heimisch sind.

BESCHREIBUNG

Das korsische Mufflon in Reinform ist mit einer Schulterhöhe von 65-75 cm und

Ein seltener Anblick: ein Lamm zwischen kapitalen Widdern.

Die Mufflons auf Korsika gelten zwar als ausgesprochene Bergtiere, doch auch sie meiden hohe Schneelagen.

einem Gewicht von 25-35 kg (Schaf) bzw. 35-55 kg (Widder) auch die kleinste Unterart des Muffelwildes. Die starken, spiralförmig gewundenen Schnecken der Widder können eine Länge von etwa 85 cm erreichen.
Das Alter der Tiere läßt sich mittels der Trophäe relativ gut bestimmen. Die weiblichen Tiere (Schafe) tragen manchmal Stümpfe, die jedoch nicht länger als 10-15 cm werden. Sardischen Schafen fehlen diese völlig, während auf Korsika rund die Hälfte der weiblichen Tiere Stümpfe trägt. Diese sind schmal, parallelkantig und nur leicht gebogen. Die Decke der Tiere ist im Sommer hellbraun. Im Herbst wechselt sie zu braun bis schwarzbraun und weist eine dichte Unterwolle auf. Im Frühjahr wird sie erneut gewechselt. An den Läufen, an Äser und Haupt und am Wedel sind Mufflons auffällig hell gefärbt; die Größe der hellen Partien am Haupt, die „Gesichtsmaske", wächst mit dem Alter.
An den Flanken der Widder taucht ab dem zweiten Lebensjahr häufig ein hellgrauer Sattelfleck auf, allerdings nicht bei allen Tieren.

Zwei- bis zweieinhalbjähriger Widder: Das Alter wird anhand der Hornlänge und -krümmung bestimmt.

LEBENSRAUM

Mufflons bewohnen traditionell die Bergwelt des Mittelmeerraums, die Habitatnutzung ist jedoch stark von der Jahreszeit abhängig. Im Winter treibt der Schnee die Tiere in tiefer gelegene Gebiete, an geschützte Hänge, in die Wälder oder in die Macchia. In Deutschland kommt diese

Typisches Brunftverhalten: Der Widder flemt.

Wildart isoliert in verschiedenen Mittelgebirgen, aber auch im Flachland mit geeigneten Sandstandorten vor. Für die regelmäßige Abnutzung der Schalen sind trokkene, idealerweise steinige Böden wichtig – auf feuchten und weichen Böden tritt immer wieder das sogenannte Schalenauswachsen auf.

Der mediterrane Ursprung der Mufflons zeigt sich in ihrer Empfindlichkeit gegenüber Kälte: Die Schneetage und die winterlichen Schneehöhen sind lebensraumbegrenzende Faktoren. Mit dem einsetzenden Frühling finden die Mufflons dann wieder ausreichend Nahrung in Form junger Triebe und Kräuter. In Gebirgslagen zieht das Muffelwild, der Schneeschmelze folgend, in Rudeln wieder langsam in höhere Zonen. Die Sommereinstände beziehen sie unterhalb der Berggipfel.

Die Vorkommen in Deutschland zeigen keine so ausgeprägten saisonalen Habitatsverschiebungen.

Eine der stärksten Muffelwildpopulationen lebt heute in den Bergen von Caroux-Espinouse auf dem französischen Festland – diese Ausläufer des Zentralmassivs im Departement Herault sind der Landschaft Korsikas recht ähnlich und bieten eine einzigartige Gelegenheit für Jäger, auf Mufflons zu pirschen.

VERHALTEN

Fortpflanzung

Widder wie Schafe erreichen ihre Geschlechtsreife nach etwa eineinhalb Jahren, die Brunft findet zwischen Ende Oktober und Anfang Dezember statt.

Welche Widder nun zum Beschlag kommen, hängt von ihrer sozialen Stellung ab, die sich nach Alter und Gehörnentwicklung richtet: Starke Widder stoßen plötzlich zum Schafsrudel und verlassen dieses nach dem Beschlag eines oder zweier brunftiger Tiere wieder.

Die Kämpfe zwischen rivalisierenden Widdern dienen einzig der vorübergehenden Vorherrschaft über ein Rudel und der kurzfristigen Festlegung der Rangordnung vor dem Beschlag der brunftigen Schafe.

Diese Auseinandersetzungen sind zwar beeindruckend, aber nur selten tödlich: Meist enden sie in einem ritualisierten Verhalten, das über bestimmte Haltungen oder Körperkontakte wie Schulter an Schulter, gesenkter Kopf und Lecken Respekt, Aufgabe oder Unterwürfigkeit ausdrückt. Fünf bis fünfeinhalb

Altersklassen	Streckenanteil	Abschußkriterien
Lämmer	35-40 %	Sollgewicht im Alter von 3 Monaten: mindestens 15 kg. Bevorzugter Abschuß schwächerer Lämmer.
Einjährige	15-20 %	Beurteilung nach der Decken- und Körperentwicklung. Abschuß von Bastarden.
Ausgewachsene	15-20 %	Entwicklung der Trophäe ausschlaggebend.
Alttiere	25-30 %	Bevorzugt abnorme und kapitale Widder.

Monate nach dem Beschlag setzt das Schaf ab Ende März in der Regel ein Lamm.

RICHTLINIEN FÜR DEN ABSCHUSS

Der Großteil der Jäger ist auch beim Muffelwild an möglichst starken Trophäen interessiert. Für eine wildbiologisch vernünftige Populationsentwicklung mit ausgeglichenem Alters- und Geschlechterverhältnis muß man sich jedoch an Abschußpläne halten.

BEJAGEN VON MUFFLONS

Schwierige Pirsch

Mufflons sind extrem scheue Tiere; sich an sie heranzupirschen ist daher kein leichtes Unterfangen. Diese Erfahrung steht allerdings im Gegensatz zu den Aussagen einiger alter Schäfer – und Wilderer – auf Korsika: „Sobald die beunruhigten Tiere ihr warnendes Pfeifen ausstoßen, haben sie einen entdeckt. Aber nach diesem Warnschrei rennen sie nicht sofort los, und oft kommen sie sogar wieder zurück, um den Eindringling zu begutachten.“ Diese Form von Neugierde ist für die Tiere bei geladener Büchse freilich lebensgefährlich. Die Fluchtbereitschaft hängt auch vom Geschlecht – Widder sind weniger scheu – sowie vom Alter der Tiere ab, ebenso von der Beschaffenheit des

Ein dreijähriger männlicher Mufflon aus dem französischen Zentralmassiv, einem idealen Jagdgebiet für die Pirsch.

Erfolgreiche Pirsch am Puy de Sancy: ein mittelalter Muffelwidder.

Bodens, der Vegetation, dem Klima und der Jahreszeit. Es kann allerdings ebenfalls vorkommen, daß Muffelwild bei einer Entfernung von über 200 m, also der maximal vertretbaren Schußentfernung, den Eindringling aus dem Augenwinkel heraus beobachtet und dabei friedlich weiteräst.

Vorsichtige Mutterschafe

Ein unachtsamer Jäger wird häufig von führenden Schafen entdeckt, die besonders wachsam sind:
Man glaubt, man hätte sich ganz leise angepirscht und sieht das Muffelwild im Rudel vermeintlich nichtsahnend auf einer Grasbank stehen. Doch nur einige Meter weiter, auf einem Felsvorsprung, steht die Wache, die man übersehen hatte. Ein kurzer Warnpfiff, und die Tiere sind in Windeseile verschwunden.
Um so einen Mißerfolg zu vermeiden, vor allem nach stundenlanger mühsamer Pirsch im schwierigen Gelände, sollte der Jäger versuchen, sich den Mufflons von oben zu nähern.
Die stets wachsamen Tiere sichern in der Regel in Richtung Tal, nur selten erwarten sie Gefahr von den Gipfeln.

Der Schuß

Der Schuß wird aus ausreichender Entfernung (80-100 m) angetragen, am besten nach einwandfreiem Ansprechen auf ein möglichst breit stehendes Stück.
Je nach Größe des Tieres sind Kaliber mit gestreckter Flugbahn und ausreichender Schußenergie sinnvoll: .270 Win., 6,5 x 68, eventuell 7 x 64 mit leichten und rasanten Geschossen.
Bei einem vermeintlichen Mißerfolg des Schusses ist Kontrolle und gegebenenfalls Nachsuche mit einem geeigneten Hund selbstverständlich.

Gamswild

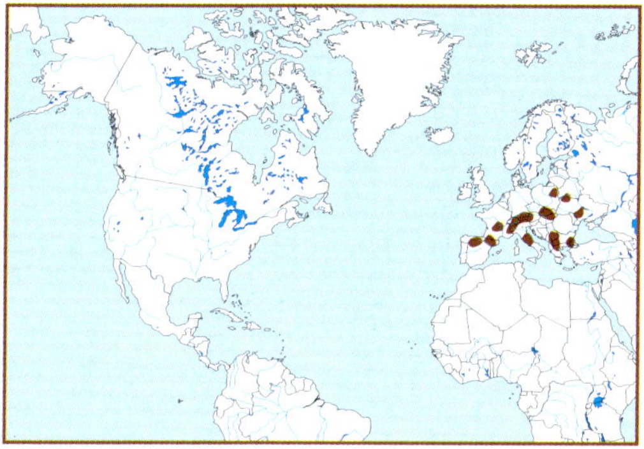

Die „Antilope der Berge" oder „Herrin der Felsgipfel" lebt auf den mächtigsten und höchsten Erhebungen Europas.

BESCHREIBUNG

Gamswild kommt in einer Vielzahl geographisch bedingter Unterarten vor. So unterscheidet man unter anderem die Alpengemse (Rupicapra rupicapra rupicapra – Linné, 1758) und die Pyrenäengemse (Rupicapra rupicapra pyrenaica – Bonaparte, 1845). Letztere ist kleiner als die Alpengemse und besitzt ein rötlicher gefärbtes Haupt.

Die Kantabriengemse (Rupicapra rupicapra parva – Cabrera, 1910) ist noch kleiner und unscheinbarer gefärbt. Die Abruzzengemse (Rupicapra rupicapra ornata – Newmann, 1899) unterscheidet sich von den anderen Unterarten durch zwei schwarze Streifen, die den bis zum Stich reichenden weißen Halsfleck an den Trägerflanken begrenzen.

Die Balkangemse (Rupicapra rupicapra balcanica – Bolkay, 1925) weist verschiedene Kopf- und Kruckenformen auf, letztere sind hoch, stark gebogen und abstehend.

Im Winter schützt eine dicke, anthrazitfarbene Winterdecke die Gams vor Kälte.

Gamswild

Altersbestimmung mit Hilfe der Krucken

Die Kartäusergemse (Rupicapra rupicapra cartusiana – Couturier, 1938) ist gedrungen, hat relativ kurze Läufe und ist meist schwerer als die Alpengemse. Sie kommt in kleinen, zerstreut lebenden Populationen im Kartäusergebirge nördlich von Grenoble vor. Wichtig ist ebenfalls die Karpatengemse (Rupicapra rupicapra carpatica – Couturier, 1950): Sie ist die größte Unterart von allen und besitzt eine schwarze Winterdecke. Die Böcke können über 60 kg schwer werden.

Ihren Beinamen Bergantilope verdanken die Gemsen ihren exzellenten Kletterkünsten und ihrer Anpassungsfähigkeit an das Leben im Hochgebirge. Die elastische Ballenhaut unter den Schalen ihrer Läufe bietet selbst auf rutschigen Felsen guten Halt. Aber auch das große Herz von über 350 g – das Herz eines kräftigen Menschen wiegt nur 250 g – und die hohe Zahl roter Blutkörperchen von rund 12 Millionen – gegenüber 5 Millionen beim Menschen – tragen dazu bei, daß die Gemse unter solch extremen Bedingungen überleben kann.

Das Wachstum der Krucken setzt bei Böcken wie Geißen mit etwa drei bis vier Monaten ein, danach entwickeln sich die Schläuche beständig weiter.

LEBENSRAUM

Gemsen bewohnen, abhängig von der Jahreszeit, unterschiedliche Höhenlagen. Im Gebirge steigen sie im Winter bis auf Höhen von 1000 m in die Wälder hinab. Im Sommer halten sie sich mitunter auf Gletschern in 3000 m Höhe auf. Im Herbst, kurz vor der Brunftzeit, bevölkern sie die Hochweiden und Almen.

In Deutschland wurde Gamswild stellenweise auch außerhalb des Alpenraums angesiedelt. Das bedeutendste Vorkommen hat sich dabei im Südschwarzwald gehalten: Die sogenannte Waldgams lebt auf rund 800- 1400 m Höhe und zeigt in geringem Maße saisonale Lebensraumverschiebungen.

Gemsen leben in Rudeln aus Geißen, Kitzen und noch nicht geschlechtsreifen Bökken, deren Verhalten von älteren Geißen bestimmt wird. Mittelalte Böcke finden sich ebenfalls oft in kleinen

Die Pyrenäengemse ist etwas kleiner als die verwandte Alpengemse.

Eine Pyrenäengams mit Kitz auf „hoher Warte".

Rudeln aus drei bis sechs Stück zusammen, während alte Böcke (Einsiedler) meist allein oder vorübergehend zu zweit stehen.

NAHRUNG

Die Nahrungszusammensetzung des Gamswildes läßt sich nur vage angeben, sie hängt stark von dem saisonal vorhandenen Angebot ab.
Folgt man dem französischen Gamswildexperten Couturier, besteht die Grundnahrung dieser Tiere aus Alpenklee, Wegerich und anderen Süßgräsern. Im Winter ernähren sie sich von Nadeln, Moos und sogar Rhododendronblättern. Gemsen lieben Salz und suchen die Felsen nach natürlichen Salzkristallen ab.

VERHALTEN

Fortpflanzung

Die Brunftzeit der Gemsen reicht von Anfang November bis Anfang Dezember. Während dieser Zeit kann man die spektakulären Kämpfe rivalisierender Böcke beobachten, die auf einem recht kleinen Areal die sich bildenden Brunftrudel überwachen.
Die Geiß setzt von April bis Mai nach 25-26 Wochen Tragzeit ein Kitz, zwei Kitze sind bei Gamswild eher die Ausnahme. Das Junge wird mindestens bis zur Geburt des nächsten Kitzes, unter Umständen auch länger, geführt.

Tagaktive Tiere

Gamswild ist im Gegensatz zu anderen Schalenwildarten trotz Bejagung beinahe ausschließlich tagaktiv. Die aktivsten Phasen der Tiere liegen im Morgengrauen und in der Abenddämmerung und dienen der Äsungsaufnahme. Tagsüber ruhen sie meist im Schatten eines Felsen oder Strauches und käuen wieder.

Harte Lebensbedingungen

Außer dem Menschen besitzt Gamswild kaum noch natürliche Feinde. Da wo sie vorkommen, stellen Wölfe, Luchse oder der Steinadler, der schwache Kitze greifen kann, eine Gefahr dar. Die höchste Sterblichkeitsrate

Weder Stürme noch Schnee scheinen die Gemse zu stören.

(bis zu 50 Prozent Ausfall) liegt in der Altersklasse von null bis einem Jahr, wofür hauptsächlich die harten klimatischen Bedingungen im Winter verantwortlich sind. Heftige Unwetter, Schneelawinen oder Steinschlag sorgen ebenfalls immer wieder für Verluste im Bestand. Aber auch für Parasitenbefall und Viruserkrankungen ist das Gamswild anfällig. So endet die Gamsblindheit, eine eitrige Bindehautentzündung, nicht selten mit einer dauerhaften Erblindung der Tiere. Weitere typische Krankheiten des Gamswildes sind der Befall durch Lungenwürmer und die Hauterkrankungen Papillomatose und Gamsräude.

ABSCHUSSRICHTLINIEN

Die jagdlichen Eingriffe werden je nach Lebensraum sehr unterschiedlich getätigt. Für das bedeutendste deutsche Mittelgebirgsvorkommen der Gams im Südschwarzwald gelten gegenwärtig folgende Zahlen:

- Kitze 30 Prozent
- Jährlingsklasse (einjährig) 30 Prozent
- Jugendklasse (zweijährige Böcke, zwei- bis dreijährige Geißen) 15 Prozent
- Schonklasse (drei- bis siebenjährige Böcke, vier- bis achtjährige Geißen) 10 Prozent
- Ernteklasse (achtjährige und ältere Böcke, neunjährige und ältere Geißen) 15 Prozent.

In den Alpen wird wegen der hohen natürlichen Kitzsterblichkeit diese Klasse deutlich schwächer bejagt.

Ein ausgezeichnetes Fernglas mit hoher Dämmerungsleistung.

BEJAGUNGSARTEN

Die Pirsch

Ein sportlicher Jäger wird Gamswild immer nur auf der Pirsch erlegen. Das bedeutet eine mühsame Jagd, die eine gute Kondition sowie die ausreichende Kenntnis des Lebensraums und Verhaltens der Tiere erfordert.

Die Jagd beginnt in der Regel am Vorabend oder vor Tagesanbruch mit einem langen Aufstieg zu markanten Geländepunkten, die dem Schützen einen guten Überblick von oben über das Tal erlauben.

Es empfiehlt sich, die Tiere bergab anzupirschen, da sie Gefahr meist nur aus dem Tal vermuten.

Ist Gamswild bestätigt, nähert man sich langsam und ruhig – am besten während der vormittäglichen Ruhephasen der Tiere in geschützten Lagen – gegen den Wind und mit der Sonne möglichst im Rücken. Der Schuß muß

Ein Kitz mit bereits schwach entwickelten Krucken.

Bei der Pirsch muß das Gelände immer wieder sorgfältig abgesucht werden.

Für die Tagespirsch besser als ein schweres Nachtglas: ein leichtes Fernglas mit starker Vergrößerung.

nach dem einwandfreien Ansprechen mitunter aus weit größeren Entfernungen als 100 m angetragen werden. Für die Wahl der Waffe gelten die gleichen Empfehlungen wie für Muffelwild (siehe S. 124).

Europäischer Elch

LAT. BEZEICHNUNG:
Alces alces alces

Der König der borealen Urwälder ist eine beeindruckende Erscheinung. Das größte Säugetier Europas ist vor allem in Skandinavien beheimatet.

BESCHREIBUNG

Die europäische Unterart des Elches lebt außer in Skandinavien in Rußland und Polen. Hirsche können eine Körperlänge bis zu 3 m und eine Schulterhöhe von bis zu 2,10 m erreichen. Sie wiegen 300-500 kg, in Ausnahmefällen werden Spitzengewichte bis zu 600 kg erreicht. Kühe wiegen meist zwischen 250 und 350 kg.

Beim nordeuropäischen Elch kommen Schaufel- und Stangengeweihe nebeneinander vor. Starke Geweihe können bis zu 20 kg schwer werden. Der Rumpf der Tiere ist gedrungen und vorne leicht überbaut. Die langen Dornfortsätze der Brustwirbel betonen den hohen Widerrist zusätzlich. Das Haupt ist länglich, die Oberlippe eigentümlich gewölbt und überhängend. Die großen Lauscher sind sehr beweglich. Die Decke des Elches ist dicht und kurz behaart, auf dem Widerrist des Hirsches bildet sie einen Schopf aus längeren Haaren. Unter dem Übergang zwischen Haupt und Träger hängt ein behaarter Kehlsack (Bart oder Glocke), der bei den Hirschen bis zu 40 cm lang und auffälliger als bei den Tieren ist. Bis ins Mittelalter lebten Elche sogar noch in Teilen Deutschlands und Frankreichs. Im Elsaß verschwanden sie im 10. Jahrhundert, in Sachsen vermutlich erst Mitte des 18. Jahrhunderts Als Cervide verliert der Hirsch sein Ge-weih im Winter und schiebt es im Frühling wieder neu.

LEBENSRAUM

Elche lieben feuchte Wälder und Sümpfe. Ihre Schalen eignen sich hervorragend für die Fortbewegung auf nassem Untergrund, da sie sich beim Gehen über rutschigem Untergrund weit auseinan-

Elchtiere setzen ein bis zwei, maximal drei Kälber.

Der europäische Elch trägt oft ein Stangengeweih.

derspreizen und die Tiere so das Gleichgewicht halten können. Elche sind außerdem hervorragende Schwimmer. Sie durchqueren selbst große Wasserflächen, sogar Meeresarme, und besiedeln auf diese Weise auch Inseln. Angeblich sind sie sogar in der Lage zu tauchen.

Aufgrund ihrer langen Läufe sollen Elche ebenso schnell wie Pferde sein. Aber selbst auf der Flucht verfallen die Tiere nur selten in Galopp – ihre bevorzugte Gangart ist der Troll.

NAHRUNG

Elche ernähren sich hauptsächlich von den Blättern, Trieben und der Rinde von Weichhölzern (vor allem Weiden), äsen aber auch Wasserpflanzen.

Um an Gräser, Kräuter und Beeren heranzukommen, knicken sie oft in den Vorderläufen ein und lassen sich auf die „Knie" (Handgelenke) nieder.

VERHALTEN

Fortpflanzung

Elche stehen meist allein, lediglich in der Brunftzeit von Ende August bis Oktober/November kommt etwas Abwechslung in ihr Einzelgängerdasein.

Im Gegensatz zum Rothirsch treibt der Elchhirsch kein Brunftrudel zusammen, sondern brunftet nur mit einem, selten zwei oder drei Tieren.

Der Brunftschrei des Hirsches ist ein dumpfes, heiseres Röhren und weniger laut als der des Rothirsches. Hierauf reagieren brunftige Tiere und Rivalen. Zwischen den Hirschen kann es zu harten Auseinandersetzungen kommen, bei denen die gesenkten Häupter gegeneinander gerammt und schwere Schläge mit den Hinterläufen ausgeteilt werden.

In der Brunftzeit sind die Hirsche nicht ganz ungefährlich: Sie reagieren sich nicht nur an Artgenossen und Bäumen ab, sondern greifen auch menschliche Störenfriede an. Es soll sogar vorgekommen sein, daß sie auf Lokomotiven losgegangen sind.

Die Tragzeit bei Hirschen beträgt ungefähr 35 Wochen, die bis zu drei Kälber werden von Mai bis Juni gesetzt. Die Tiere zeigen in dieser Zeit eine ausgeprägte Verteidigungsbereitschaft.

DAS BEJAGEN

Das Bejagen von Elchen unterliegt strengen gesetzlichen Bestimmungen, und die Jagdzeit ist in der Regel sehr kurz. In Skandinavien werden Elche vor allem bei Treib- und Drückjagden, mit frei suchenden Hunden oder mit dem Leithund am Riemen bejagt.

Ein imposantes Tier mit ausgeprägtem Kehlsack.

Das Hochwild Nordamerikas

Wapitis

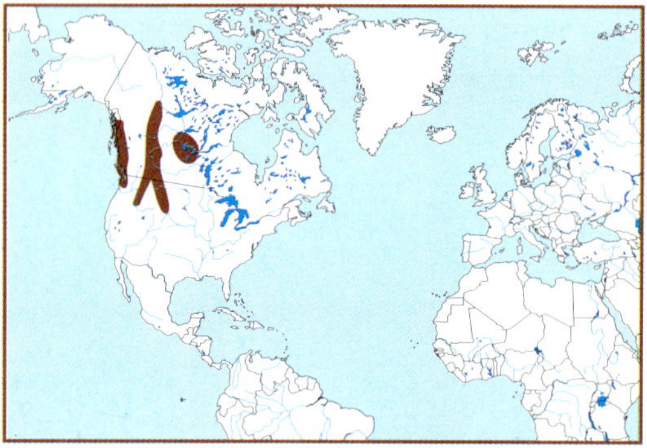

LAT. BEZEICHNUNG:
Cervus canadensis

Die größten Hirsche Nordamerikas kommen in einigen Gebieten der Rocky Mountains vor und sind unter nordamerikanischen Hochwildjägern ein beliebtes Jagdwild.

Die Zahl der Wapitihirsche, hier ein Exemplar mit prächtiger Trophäe, ist in Nordamerika wieder stark angestiegen.

ZAHLREICHE UNTERARTEN

In Nordamerika werden sechs Unterarten des Wapitihirsches unterschieden. Wie viele andere europäische und asiatische Tierarten waren sie ursprünglich dort nicht heimisch, sondern gelangten über die eiszeitlichen Landbrücken zwischen Ostasien und Nordamerika auf den Kontinent. Die bekannteste Art unter den Wapitihirschen ist der Amerikanische Wapiti (Cervus canadensis nelsoni).

BESCHREIBUNG

Die Nordamerikanischen Wapitis leben den Sommer über in den lichten Hochwäldern mittlerer Höhenlagen und fliehen vor der harten Winterkälte in die Täler.

Die kräftigen Wapitis sind größer als die europäischen Rothirsche und erreichen 300-500 kg Gewicht. Das mächtige Geweih mit selten mehr als 10-12 Enden wiegt bis zu 25 kg.

LEBENSRAUM

Ursprünglich waren Wapitis die am weitesten verbreiteten Huftiere Nordamerikas. Ihr Lebensraum erstreckte sich von Kanada bis nach Mexiko und von der Atlantikküste bis nach Kalifornien. Die Bejagung der Tiere war nicht allein für den Rückgang der Bestände verantwortlich, auch die Ausbreitung der Landwirtschaft hat dabei eine große Rolle gespielt. Sie war im Osten des Landes sogar für das Aussterben einer dortigen Unterart, des Ostwapitis (Cervus canadensis canadensis), verantwortlich: Die Hirsche wurden aus ihren Überwinterungsgebieten in den Tälern verjagt, die der Agrarnutzung weichen mußten und waren nun dazu verurteilt, die kalte Jahreszeit auf den verschneiten Berghängen zu verbringen. Den harten Bedingungen in den Höhenlagen waren sie jedoch nicht gewachsen und gingen zugrunde.

Nach der behutsamen Wiedereinführung Amerikanischer Wapitis und der Errichtung von Schutzgebieten (berühmt ist Jackson Hole in Wyoming) leben sie heute wieder in diesem Teil des Kontinents.

Im großen und ganzen ähneln diese Tiere in der Biologie und ihren Verhaltensweisen ihren europäischen Verwandten.

DAS BEJAGEN VON WAPITIS

In der Regel werden Wapitis auf der Pirsch oder vom Anstand aus bejagt. Die Schwierigkeit bei beiden Jagdtechniken liegt vor allem darin, daß diese Tiere extrem mißtrauisch sind. Schon das kleinste Geräusch läßt den Hirsch aufschrecken.

Zudem winden Wapitis sehr gut: Man muß mit allergrößter Vorsicht durch den Wald gehen und dabei ständig die Windrichtung beachten. Ist das Tier erst einmal aufgeschreckt, flüchtet es sofort und meidet unter

Die Jagd auf die großen amerikanischen Hirsche kann manchmal mehrere Tage in Anspruch nehmen. Packpferde erweisen sich dann als unentbehrliche Hilfe.

Umständen das Revier für längere Zeit.

Die Lockjagd vom Anstand

Die Jagd vom Anstand erfolgt in der Brunftzeit (September/Oktober). Das Röhren der Wapitihirsche unterscheidet sich deutlich von dem der europäischen Edelhirsche. Es beginnt mit einem tiefen Ton und steigt dann in vier Stufen in höhere Stimmlagen, um dann schließlich wieder tiefer zu werden.

Dieses Verhalten sowie die Tatsache, daß die Hirsche manchmal bei Anwesenheit eines ebenfalls röhrenden Rivalen enorme Distanzen zurücklegen, spricht für die Rufjagd.

Dabei handelt es sich um eine schwierige Technik, die sich am besten an einem Hang oder vom Talgrund aus, in der Nähe eines Waldrandes oder einer Wiese ausführen läßt. Die Lockrufe müssen in richtigem zeitlichen Abstand auf das Röhren des Hirsches folgen.

Auch der Rhythmus der Lockrufe der Jäger muß dabei stimmen, so daß die Tiere nicht mißtrauisch werden. Sie antworten wiederum mit einem rauhen Schrei und nähern sich dem vermeintlichen „Konkurrenten“ oft lautlos: Daher sollte man die Umgebung ständig im Auge behalten, um sich nicht in Gefahr zu begeben.

Wirkungsvolle Rufinstrumente gibt es im Handel zu kaufen. Mit einem Metallrohr oder einem Bambusstab von 30 cm Länge und ungefähr 1 cm Durchmesser lassen sich diese aber auch sehr einfach selbst herstellen.

Die Pirsch

Die Pirsch ist eine Jagdtechnik, bei der man an bekannten Wechseln oder Standorten sucht. Meist sind dies die Äsungsstellen an Waldrändern oder auf Lichtungen. Die Jagd erfolgt entweder im Morgengrauen oder in der Abenddämmerung, wobei man vorsichtig durch den Wald streift.

Für die starken Hirsche sind Kaliber wie die 30/06 oder die .300 Magnum notwendig. Aufgrund der Größe und des Gewichts der Tiere ist bei der Pirsch – die sich manchmal über viele Stunden hinziehen kann – unbedingt ein Packpferd notwendig.

Die Tiere werden vor Ort aufgebrochen und in speziellen Säcken transportiert. Die Trophäe wird auf das Pferd gespannt.

Ein kapitaler Wapitihirsch. Er wurde auf einer der Inseln vor der Kodiakküste erlegt.

Andere nordamerikanische Hirscharten

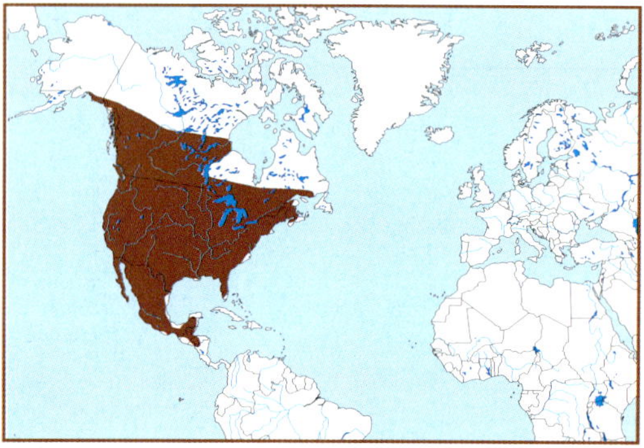

VIRGINIA- ODER WEISSWEDEL-HIRSCH
LAT. BEZEICHNUNG:
Odocoileus virginianus

MAULTIERHIRSCH
LAT. BEZEICHNUNG:
Odocoileus hemionus

Maultierhirsche und Weißwedelhirsche bevölkern heute große Teile Nordamerikas.

DER VIRGINIA- ODER WEISSWEDELHIRSCH

Beschreibung

Die Weißwedelhirsche verdanken ihren Namen dem langen Schwanz, den sie bei Gefahr oder bei der Flucht wie ein Fähnchen aufstellen. Je nach Breitengraden variiert die Größe der Tiere: Im Norden können sie bis zu 100 kg, in Extremfällen 140 kg wiegen, während in Florida selbst die größten Hirsche kaum mehr als 40-50 kg auf die Waage bringen.

In den meisten nordamerikanischen Saloons findet sich die typische Trophäe des Weißwedelhirschs.

Weißwedelhirschkühe tragen kein Geweih.

Lebensraum
Das Verbreitungsgebiet der Weißwedelhirsche wird im Norden von den strengen Wintern und den Schneemassen bestimmt: Ab 1 m Schneehöhe finden die Tiere keine Nahrung mehr – trotzdem wurden auch in Alberta, nur 640 km südlich des Polarkreises, Weißwedelhirsche beobachtet. Wie das Reh liebt auch diese Hirschart abwechslungsreiche Landschaften mit Feldern und Waldstücken, aber auch Hochwald mit Lichtungen und Kahlhiebflächen.

Nahrung
Die abwechslungsreiche Nahrung der Hirsche umfaßt im Winter Sträucher sowie auch zum Teil verholzte Gewächse. Im Frühjahr äsen sie vor allem Kräuter, Knospen und Triebe, in den übrigen Jahreszeiten ernähren sie sich auch von Beeren.

Verhalten
Fortpflanzung
Die Brunftzeit beginnt Ende Oktober und ist oft von heftigen Kämpfen der Hirsche untereinander begleitet. Ein bis drei, meist aber nur zwei Kälber werden im Frühjahr des folgenden Jahres gesetzt.

Wanderungen
Wie viele andere nordamerikanische Hirscharten zieht auch der Weißwedelhirsch zum Jahreszeitenwechsel in seine Sommer- bzw. Winterquartiere und legt dabei bis zu 200 km zurück.

Ein scheues Tier
Weißwedelhirsche leben allein, im Sommer aber auch in kleinen Mutterfamilien. Im Winter können sich mehrere Rudel vereinigen und größere Rudel bilden. Die Tiere sind äußerst mißtrauisch und so scheu, daß sie in Gebieten, in denen sie bejagt werden, ihre Aktivitäten komplett in die Nachtstunden verlagern.

DER MAULTIERHIRSCH
Beschreibung
Die 1,50-2,50 m langen und rund 150 kg, manchmal über 200 kg schweren Maultierhirsche erkennt man vor allem an ihren langen Lauschern, denen sie auch ihren Namen verdanken – bei großen Hirschen erreichen diese eine Länge von bis zu 30 cm.

In Alaska erlegt: Weißwedelhirsch und -kuh.

Andere nordamerikanische Hirscharten

Man unterscheidet rund zehn verschiedene Unterarten von Maultierhirschen, von denen in erster Linie zwei sehr verbreitet sind: der RockyMountain-Maultierhirsch (Odocoileus hemionus he-mionus) – diese größte Unterart wird bis zu 180 kg schwer und besitzt auch das größte Geweih – und der Columbiahirsch (Odocoileus hemionus columbianus).
Das Geweih dieser Hirsche besitzt eine charakteristische Form mit einem Bündel von spitzen Enden.
Der Kalifornische Maultierhirsch (Odocoileus hemionus californicus) ist ein typischer Bewohner der pazifischen Regenwälder, von Kalifornien bis Vancouver Islands. Er lebt meist friedlich neben den Sitka-Maultierhirschen (Odocoileus hemionus sitkensis) – diese kommen auch weiter im Norden vor, bis zum „Pfannenstiel" Alaskas und den Queen Charlotte Islands.

Lebensraum
Maultierhirsche trifft man vor allem in den Bergen bis auf eine Höhe von rund 2500 m an. Bei schlechtem Wetter steigen sie in der Regel in die Täler hinab. Sie bilden gewöhnlich keine Rudel, sondern nur kleine Gruppen.

Verhalten
Fortpflanzung
Nach der Brunftzeit Ende Oktober werden nach 182-210 Tagen im Frühjahr ein bis zwei Kälber gesetzt.

DIE JAGD AUF DIE AMERIKANISCHEN KLEINEN HIRSCHE

Dieses in großer Zahl vorkommende Wild wird in Nordamerika intensiv bejagt.

Die Jagd vom Anstand
Der Weißwedelhirsch ist ein beliebtes Jagdwild für die Jagd vom Anstand aus, da er äußerst mißtrauisch und nur schwer zu stellen ist. Zudem

Oft müssen bei der Jagd auf Hirsche Flüsse überquert werden. Ein Pferd erweist sich dabei als wertvolle Hilfe.

Ein starker Hirsch.

ist er fast nur in der Nacht aktiv. Am erfolgreichsten verläuft diese Jagd entlang der Wechsel, die zu seinen nächtlichen Äsungsstellen und Ruheplätzen führen.

Die Pirschdrückjagd

Der Virginiahirsch wird in unbewohnten Gegenden auch mittels einer Mischung aus Pirsch- und Drückjagd ohne Hund bejagt. Dabei pirscht man sich an die Tiere auf ihren Wechseln so langsam und geräuschlos wie möglich heran; oft findet man sie auf einer kleinen sonnenbeschienenen Lichtung liegend. Man geht gewöhnlich in Zweierteams und versucht, sich die Hirsche gegenseitig zuzudrücken.

Die Jagd vom Hochsitz und die Treibjagd

Zuweilen werden die Hirsche auch vom Hochsitz oder mittels Treibjagd bejagt. Meist wird letztere in Form einer Drückjagd durchgeführt, damit die Tiere ruhig vor die Schützenlinie ziehen. Im Südwesten der USA schlagen einige Jäger Hirschgeweihe aneinander und ahmen so die Geräusche eines Kampfes nach, um die Tiere anzulokken. In den dichten Sumpfwäldern jagt man hingegen oft mit einer Hundemeute und versucht so, die Tiere aus ihren unzugänglichen Verstecken zu treiben.

Schuß aus großer Entfernung

Amerikanische Hirsche werden oft auf große Entfernung geschossen. Dazu benötigt man rasante Kaliber mit sehr gestreckter Flugbahn: .270, 25/06, .243 oder 30/06. Ging der Schuß daneben, untersucht man natürlich den vermeintlichen Anschuß, um einen Krankschuß sicher ausschließen zu können.

In solch einem Fall orientiert man sich bei der Nachsuche an Spuren wie Schweißspritzern und Knochensplittern am Boden. Je nach Sitz der Kugel kann eine lange Nachsuche erforderlich sein, die nicht in einer Hetze endet. Ein erfahrener Hund ist dabei also wichtig.

DIE JAGD MIT DEM BOGEN

Die „kleinen" nordamerikanischen Hirsche sind ein begehrtes Jagdwild für die Jagd mit dem Bogen. Langbogen oder Compound-Bogen mit 60-65 Pfund Zugkraft sind für diese Tiere ausreichend. Um hiermit tödlich treffen zu können, muß der Jäger dicht heran!

Elche

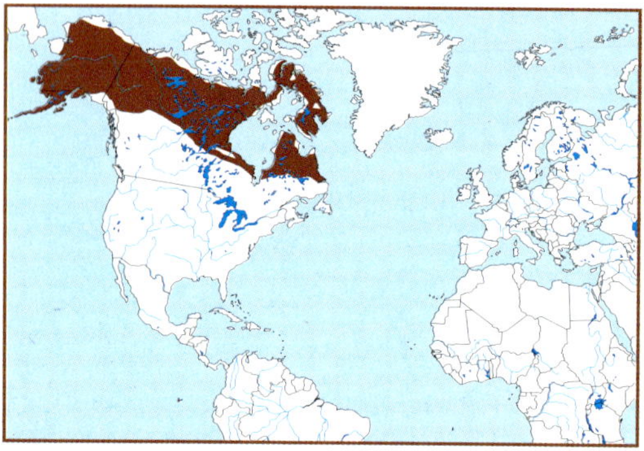

LAT. BEZEICHNUNG:
Alces alces gigas

Der größte der amerikanischen „mooses" ist ohne Zweifel der Alaska-Elch (Alces alces gigas), der ein Gewicht von 800 kg erreichen kann. Allein sein Geweih wiegt bis zu 40 kg: eine kapitale und sehr begehrte Trophäe aus zwei riesigen Schaufeln mit beeindruckenden Enden.

BESCHREIBUNG

Der Alaska-Elch ist an seiner dunklen Decke erkennbar und lebt vor allem in den Waldgebieten Alaskas, Westyukons und im Nordwesten von British Columbia.

Er gilt als ein sehr gefährlicher und unberechenbarer Gegner, da er Eindringlinge oft ohne erkennbaren Grund und gnadenlos verfolgt. Ihm zu begegnen, ist ein ebenso beeindruckendes wie angsterregendes Erlebnis – aufgrund der Masse, Geschwindigkeit und fürchterlichen Waffen des Tieres, nicht zuletzt aber auch wegen der furchterregenden Begleitgeräusche brechender Äste und splitternden Holzes, wenn er sich nähert. Man hat den Eindruck, eine Lokomotive bahne sich unaufhaltsam einen Weg durch den Wald. Als Jägern im Urwald von Alaska, 500 km nördlich von Anchorage, einmal zur Brunftzeit ein Alaska-Elch begegnete, kostete es sie drei Patronen Kaliber .375 HH Magnum, in den Stich nacheinander abgefeuert, um den sehr abrupten und nicht vorhersehbaren Ansturm des mächtigen Tieres zu stoppen und sich auf diese Weise außer Lebensgefahr zu bringen.

WEITERE UNTERARTEN

In den Rocky Mountains lebt eine weitere, etwas kleinere Elchart mit hellerer Decke: Alces alces shirasi, auch Shiras-Elch genannt. Er wiegt selten mehr als 450 kg. Zwei weitere Unterarten kommen ebenfalls in Nordamerika vor, deren Lebensräume sich zum Teil überlagern: der Ostkanadische Elch (Alces alces americana) im Osten Kanadas (Quebec) und in kleinen Beständen in vereinzelten Gebieten Neuenglands sowie der Westkanadische Elch (Alces alces andersoni) im Westen des Landes. Letzterer ist vor allem im Westen Ontarios bis zur Beaufortsee und zum Pazifik sowie im Norden Alaskas anzutreffen. Aber auch in anderen nördlichen Staaten der USA, etwa in Dakota, Michigan, Minnesota und Wisconsin, leben mehrere Exemplare dieser Art.

VERHALTEN

Die amerikanischen Elche weisen in etwa die gleichen Verhaltensweisen auf wie ihre europäischen Verwandten, sind allerdings noch

Ein imposanter Alaska-Elch, auf der Pirsch durch den Busch erlegt.

mehr dem Wasser verbunden. Sie sind fast ausschließlich in sumpfigen Wäldern anzutreffen und äsen mit Vorliebe Wassergräser. Außerdem sind sie hervorragende Schwimmer, die selbst vor Stromschnellen nicht zurückschrecken. Im Wasser finden sie nicht nur Nahrung und Erfrischung, sondern auch Schutz vor lästigen Insekten.
Ohne Zweifel verkörpert der Elch mehr als jedes andere Tier die Kraft und Majestät der zirkumpolaren Fauna. Er wird von allen Raubtieren gefürchtet und ist der unbestrittene Herr der Taiga.

Der Elch ist aufgebrochen. Das Haupt wird auf dem Rücken des Pferdes ins Lager transportiert.

Und eines der wenigen Tiere, das selbst den Menschen nicht fürchtet – allerdings oft zu seinem Nachteil.

DIE JAGD AUF DEN NORDAMERIKANISCHEN ELCH

Vor allem in Quebec werden Elche mit großer Leidenschaft bejagt. Sie sind genauso gefährlich wie Bären und aufgrund einer der begehrtesten Jagdtrophäen überhaupt Ziel vieler – und zuweilen auch unverantwortlicher – Jagden.
In Kanada werden Elche mit der gleichen Begeisterung bejagt wie in Frankreich ein alter Keiler oder in Deutschland ein kapitaler Hirsch. Diese spannende Jagd erfolgt nach dem gleichen alten Ritus, den schon die ersten Besiedler der Neuen Welt vollzogen. D. Crockett und viele andere Trapper jagten Elche: wegen der Trophäen, aber auch wegen der Qualität des Fleisches – ein festes und delikates Fleisch, das man am besten am Lagerfeuer inmitten der borealen Urwälder genießt.
Elche sind gute Schwimmer, und selbst im undurchdringlichsten Dickicht bewegen sie sich mit großer Eleganz und sehr sicher. Sie besitzen einen ausgezeichneten Geruchs- und Gehörsinn, der ihre schlechte Sehkraft ausgleicht.

Die Lockjagd

In Nordamerika wendet man für die Jagd auf Elche meist die Lockjagd an. Die einzige Ausnahme bildet Kanada, wo die Pirsch vorgezogen wird.
Die Jäger nutzen dabei die uralten Jagdtechniken der Cree- oder Ogibway-Indianer, die zwei Lockrufe einsetzen: einer imitiert das Röhren der Elche in der Brunftzeit, der andere den Schrei des brunftigen Elchtiers, ein eher klagendes und leises Rufen. Die Rufinstrumente werden traditionell aus Kiefern- oder Birkenrinde gefertigt.
Es gibt aber auch weniger aufwendige Instrumente wie zum Beispiel eine leere Plastikflasche mit einem Loch im Boden, durch die man einen Schnürsenkel führt. Sie wird mit Wasser gefüllt zwischen zwei Fingern hin und her bewegt und dient so als Resonanzkörper.

Die Jagd vom Anstand und die Pirsch

Elche werden natürlich auch vom Hochsitz aus oder auf der Pirsch gejagt. Als Kaliber kommen vor allem .357 HH Magnum oder .300 Winchester in Frage.

Ren

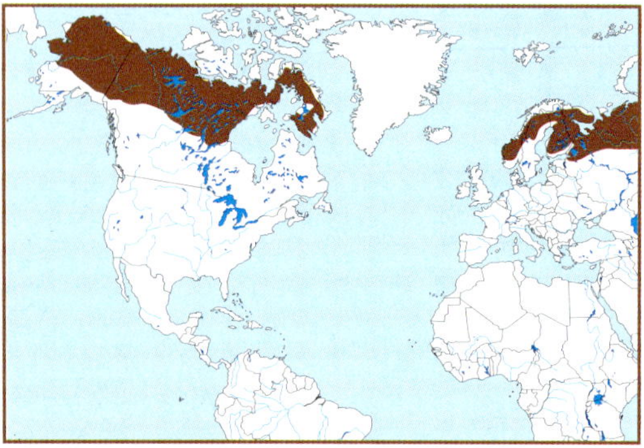

LAT. BEZEICHNUNG:
Rangifer tarandus

Die typischen Bewohner der zirkumpolaren Regionen unterscheiden sich von den anderen Cerviden dadurch, daß auch die weiblichen Tiere ein Geweih tragen.

ZAHLREICHE UNTERARTEN

Je nach Land oder Habitattyp werden etwa zwanzig Unterarten unterschieden, von denen allein das europäische Rentier (Rangifer tarandus tarandus) von den Lappen domestiziert und gezüchtet wurde.

In Sibirien lebt das wilde oder eurasische Tundra-Ren (Rangifer tarandus sibericus), das bis zur Pazifikküste verbreitet ist. Weitere geläufige Arten sind das Westkanadische Rentier (Rangifer tarandus caribou), auch Karibu genannt, sowie das Alaska-Karibu (Rangifer tarandus granti), die nördlichste Art Amerikas.

Ein Karibu im Bast.

BESCHREIBUNG

Das größte nordamerikanische Rentier, das Osborne-Karibu (Rangifer tarandus osborni), besitzt ein mächtiges Geweih und lebt in den Rocky Mountains. Es gilt als Waldbewohner und verläßt selten sein Revier. Tundra-Rentiere legen bei ihren Wanderungen zu den Sommer- oder Winterplätzen Entfernungen von über 1000 km zurück und folgen dabei uralten Pfaden.

Die Tiere sind äußerst ausdauernd. Dank der dichten, wasserabweisenden und kälteunempfindlichen Decke zeigen sie sich selbst von Temperaturen bis –40 °C unbeeindruckt. Bei ihren Wanderungen überwinden sie jedes Hindernis, auch breite Flüsse oder Meeresarme – Rentiere sind ausgezeichnete Schwimmer. Ihre Läufe und auffällig breiten Schalen eignen sich bestens für die Fortbewegung auf rutschigem Untergrund.

LEBENSRAUM

Rentiere besitzen kaum feste Reviere, außer der auf Neufundland ansässigen Art. Die

Rentiere sichern noch heute das Überleben vieler Nomadenvölker in Nordamerika, Sibirien oder Skandinavien.

harten Lebensbedingungen der Ausbreitungsgebiete zwingen die Tiere oft das ganze Jahr über zu langen Wanderungen.
So ziehen sie im Hochsommer in höher gelegene Gebiete, um den Mückenschwärmen zu entkommen, die in dieser Jahreszeit die Tundra heimsuchen. Im Herbst steigen die Rentiere dann wieder in niedrigere Lagen hinab.

NAHRUNG

Den Sommer über finden die Tiere problemlos in der Tundra Nahrung, die dann vor allem aus Gräsern besteht. Aufgrund der dicken Schneedecke müssen die Tiere im Winter mit ihren Vorderläufen oft den Boden freischlagen, bevor sie an die Rentierflechte gelangen. Sie stellt neben Sträuchern in dieser Jahreszeit die Hauptnahrungsquelle dar.

VERHALTEN

Rentiere wiegen bis zu 300 kg und können eine Körperlänge von 2,20 m erreichen.
Die Brunftzeit ist zwischen Spätsommer und Frühherbst. Nach einer Tragzeit von acht Monaten werden im Frühjahr meist ein, selten zwei Kälber gesetzt.

STRENGE SCHUTZMASSNAHMEN

Auch heute noch sind die Rudel wilder Rentiere für das Überleben der nordasiatischen und nordamerikanischen Nomadenstämme lebenswichtig.
Die Tiere sind oft der ganze Reichtum dieser Nomaden, die ihre Lebensgewohnheiten an denen der Rudel orientie-

Dieser starke Karibuhirsch wurde auf der Pirsch in der Tundra nördlich des Polarkreises während der Wanderungszeit erlegt.

Ein gigantisches Geweih. Der Hirsch wurde nach tagelanger Verfolgung in den Bergen erlegt.

ren. Der Wanderinstinkt der Tiere ist auch im Kontakt mit den Menschen erhalten geblieben. Im hohen Norden Amerikas verschwanden in den 1950er Jahren nach einer Welle der Wilderei mehrere hunderttausend Tiere.

Für die Nomaden, deren Überleben von diesen Tieren abhing, war dies eine bedrohliche Situation. Heute ist nicht nur ein großer Teil des Rentierbestandes verschwunden, sondern auch die Zahl der Nomadenvölker weiter gesunken.

Neben der Überbejagung sind die Rentiervorkommen aber auch von zunehmenden klimatischen Veränderungen und der Beschneidung ihrer Lebensräume und Wanderwege, zum Beispiel durch unüberwindbare Pipelines, bedroht. Zu ihren natürlichen Feinden zählen Wolf, Braunbär, Vielfraß, Luchs und Steinadler.

Nach wie vor wird die Decke der Karibus als Mantel gegen die Kälte hoch geschätzt.

Das Wildbret ist ebenfalls sehr beliebt, und aus der Milch der Rentiere lassen sich Käse und Butter herstellen. Geweihe, Knochen und Sehnen werden zu Messern und anderen Gebrauchsgegenständen verarbeitet.

Über die ganze Welt verteilt existieren heute spezielle Schutzprogramme für Rentiere.

DIE JAGD AUF RENTIERE

Die Pirsch

Die Pirsch auf Rentiere stellt während deren Wanderungen keine große Schwierigkeit dar. Dazu werden vor allem leistungsstarke Ferngläser benutzt.

Da sich die Tiere in riesigen Rudeln versammeln und jedes Jahr den gleichen, uralten Wegen folgen, sind sie von einer Anhöhe aus relativ einfach aufzuspüren. Von dort kann man sich dann ruhig an sie heranschleichen. In Neufundland durchstreifen Karibujäger gezielt lichte und sumpfige Waldbereiche, in denen sich die Tiere bevorzugt aufhalten.

Man sollte dabei immer gegen den Wind pirschen, da Karibus ausgezeichnet winden. Als Waffe werden Gewehre mittleren Kalibers wie die .270 Winchester oder .300 Winchester mit Zielfernrohr eingesetzt.

Wildbret und Trophäen

Das Wildbret des Karibus ist sehr gefragt, das Geweih eine begehrte Trophäe. Es unterscheidet sich von dem anderer Hirscharten durch kleine Rosen, flache Stangen, helle Farbe und seine asymmetrische Form. Die langen und stark gebogenen Geweihe tragen an den Enden mehrere Sprossen.

Während der Brunftzeit setzen die Hirsche das Geweih bei den Auseinandersetzungen mit Rivalen ein. Das Geweih der weiblichen Tiere ist schwächer als das der Hirsche und wird im Mai oder Juni nach dem Setzen des Kalbes – selten sind es zwei Kälber – abgeworfen. Die Hirsche verlieren ihr Geweih im Winter.

Schneeziege

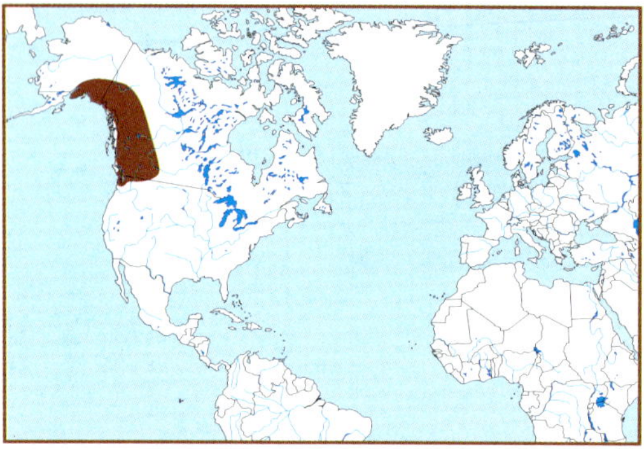

Die gewandte „Bergantilope" ist an ihrer dichten weißen Decke aus langen und sehr harten Haaren leicht zu erkennen.

LAT. BEZEICHNUNG:
Oreamnos americanus

BESCHREIBUNG

Böcke wie Geißen der Schneeziege tragen zwei lange und feine Krucken und können bis zu 135 kg schwer werden. Schneeziegen sind außerordentlich geschickte Kletterer, die sich selbst noch an den kleinsten Felsvorsprüngen emporarbeiten. Das verdanken sie vor allem ihren schwammartigen Schalen, die eine optimale Bodenhaftung

Lohn einer langen Pirsch. Die Schneeziegenjagd ist aufgrund des unwegsamen Geländes ein langes und schwieriges Unterfangen.

Dieser Jäger sucht die steilen Berghänge nach den leuchtenden weißen Punkten ab, die schon von weitem die Schneeziegen verraten.

ermöglichen und damit zuweilen die Gesetze der Schwerkraft außer Kraft zu setzen scheinen.

Die Lebensräume der amerikanischen Schneeziege liegen fernab von jeglicher Zivilisation und sind derart unwirtlich, daß das Tier kaum natürliche Feinde besitzt.

Selbst Wölfe bemühen sich nur selten in diese Lagen. Die größte Gefahr für die Schneeziege stellen neben dem Menschen die Geröllfelder dar.

LEBENSRAUM

Das ganze Jahr über kann man – je nach den klimatischen Bedingungen – vertikale Wanderungen der Tiere beobachten. Im tiefen Winter verlassen sie meist die kargen Höhenlagen und flüchten sich in die Wälder, wo sie immer noch Nahrung finden.

Mit dem einsetzenden Frühling treibt es die Schneeziegen wieder auf die höchsten Gipfel, die ein großes Maß an Schutz bieten. Das Verbreitungsgebiet der Schneeziege reicht von den menschenleeren Gegenden im Süden Alaskas und Yukons bis nach British Columbia und den Northwest Territories. In den Bundesstaaten Idaho, Montana, Alberta und Washington sind sie ebenfalls häufig anzutreffen.

VERHALTEN

Die matriarchalisch strukturierten Rudel bestehen meist aus einigen Muttertieren mit Nachwuchs. Sie können bis zu fünfzehn Tiere umfassen. Die Böcke leben eher als Einzelgänger oder in kleinen Rudeln, die sich während der Brunftzeit im November, wenn die Böcke um die Gunst der Geißen zu buhlen beginnen, wieder auflösen.

FORTPFLANZUNG

In der Brunftzeit kommt es im Streit um die Geißen zu Kämpfen zwischen den Rivalen. Die Kitze, in der Regel eines pro Jahr, werden im Frühjahr, zwischen Mai und Juni, gesetzt. Schnell wachsen sie zu geübten Kletterern heran und bewegen sich auf den steilen Hängen sicher vorwärts.

DIE JAGD AUF SCHNEEZIEGEN

Die Schneeziege stand schon einmal kurz vor der Ausrottung und unterliegt heute strengen Schutzbestimmungen. Die Jahresstrecke ist daher sehr gering.

Die Pirsch

Der Lebensraum der Schneeziegen läßt nur eine einzige Jagdtechnik zu: die Pirsch. Diese erfolgt meist unter schwersten Bedingungen und erfordert manchmal sogar ein bergsteigerisches Können.

Zudem sind Schneeziegen immer auf der Hut und nur schwer zu überraschen, vor allem, weil sie sich stets an erhöhten Punkten oder auf Felsvorsprüngen hoch über einem Tal aufhalten. Die einzige Chance, sie zu jagen, besteht darin, sich von oben an sie heranzupirschen.

Der Schuß

Der Schuß erfolgt oft aus großen Entfernungen (150-200 m) und verlangt ein geeignetes und rasantes Kaliber. Die .270 Winchester zählt hierfür zu einer der besten Patronen.

Wildschafe

AMERIKANISCHES DICKHORN-SCHAF
LAT. BEZEICHNUNG:
Ovis canadensis spec.

ALASKA-SCHNEESCHAF
LAT. BEZEICHNUNG:
Ovis canadensis dalli

Das Dallschaf ist ein begehrtes Jagdwild in Nordamerika.

Die kräftigen und gewandten Wildschafarten des nordamerikanischen Kontinents sind bis nach Alaska verbreitet.

DAS AMERIKANISCHE DICKHORNSCHAF ODER BIGHORN

Dieses beeindruckende Wild kommt in mehreren Unterarten von British Columbia und Zentralalberta bis in den Süden Kaliforniens und nach Nordmexiko vor.

Beschreibung

Das Felsengebirgs-Dickhornschaf oder Rocky Mountain Bighorn (Ovis canadensis canadensis) ist die meistverbreitete Unterart und an seinen Schnecken – vor allem die Widder – leicht zu erkennen. Die Schnecken sind eine der begehrtesten Jagdtrophäen Nordamerikas. Die meist rotbraune Decke wird an Äser, Kamm und Unterseite heller. Die Farbe variiert je nach Lebensraum: So weisen die Tiere im Hochgebirge eine dunklere Decke auf als jene an den Berghängen in den Wüsten des Südens. Die größten Tiere können bis 140 kg wiegen.

Lebensraum
Wie die meisten Wildschafe flieht auch das Felsengebirgs-Dickhornschaf vor strenger Winterkälte und hohen Schneelagen: Im Winter steigen die Tiere deshalb von 3000 m Höhe auf 500 m hinab.
Sie überwintern bevorzugt an sonnigen Plätzen, die ausreichend Äsung bieten, im Frühjahr ziehen sie dann wieder in höhere Regionen.

Verhalten
Die Brunftzeit der Dickhornschafe findet von Ende Oktober bis Ende November statt. In dieser Zeit liefern sich die stärksten Widder Kämpfe um die Vorherrschaft im Rudel; die Größe der Schnecken ist dabei für die Stellung innerhalb der Hierarchie wichtig. Nach 180 Tagen Tragzeit setzen die beschlagenen Schafe 1-2 Lämmer.

Die Schnecke – charakteristischer Kopfschmuck aller Wildschafe.

DIE ALASKA-SCHNEESCHAFE
Die häufigste Unterart des Alaska-Schneeschafs ist das Dallschaf oder Weiße Dünnhornschaf (Ovis dalli dalli). Es lebt in den Bergen der Northwest Territories, Yukons und Alaskas, während das Steinschaf (Ovis dalli stonei) vor allem in British-Columbia heimisch ist.

Beschreibung
Dallschafe erkennt man an ihrer weißen Decke, die auf große Entfernungen von den Bergwiesen leuchtet. Das Steinschaf hat eine dichte, anthrazitfarbene Decke mit beinahe schwarzem Rücken. Dallschafe sind kleiner als Steinschafe und haben dünnere, nach außen gekrümmte Schnecken. Beide besitzen denselben Tagesrhythmus wie die Amerikanischen Dickhornschafe, sind aber anfälliger gegenüber Winterkälte.

Dieses starke Dallschaf ist der Erfolg einer kräftezehrenden Pirsch.

Der Jäger hat das extrem wachsame Tier bis auf wenige Meter angepirscht.

DIE JAGD AUF DIE NORDAMERIKANISCHEN WILDSCHAFE

Das meistbejagte, weil häufigste Wildschaf Nordamerikas ist das Dallschaf. Wie der europäische Verwandte, das Muffelwild, werden die nordamerikanischen Wildschafe auf der Pirsch bejagt.

Die Pirsch

Bei der Pirsch auf nordamerikanische Wildschafe hat man es meist mit extrem unwegsamem Gelände zu tun. Außerdem setzen die vergleichsweise größeren Höhen eine wirklich gute Kondition des Jägers voraus. Für den Schuß eignen sich rasante Kaliber mit gestreckter Flugbahn vom Typ .270 Win, aber auch die .30-06, die 7 mm Rem. Mag. oder .25-06 sind tauglich. Aufgrund der schwierigen Verhältnisse werden Jagden auf Wildschafe in Nordamerika meist als Expeditionen organisiert, die sich mitunter über mehrere Tage hinziehen. Die Jäger bewegen sich dabei zu Fuß, Packpferde tragen das Material. Zur Jagd auf Dallschafe reisen auch regelmäßig zahlreiche Gastjäger nach Nordamerika. Für deutsche Jäger ist dies häufig die einzige Gelegenheit, einmal ein Wildschaf zu erlegen.

Das Bighorn. Viele Mythen ranken sich um dieses Wild.

Bären

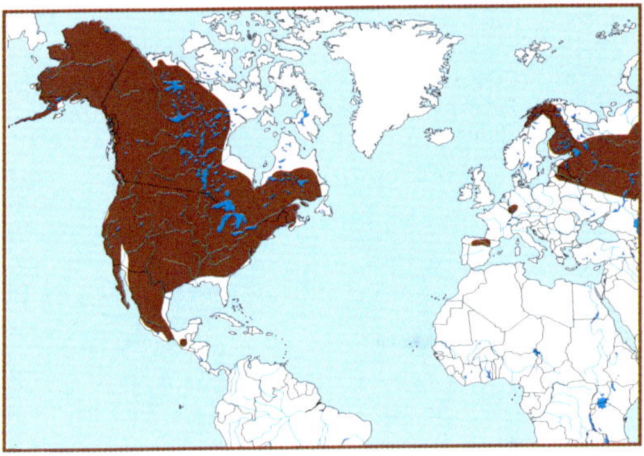

BRAUNBÄR
LAT. BEZEICHNUNG:
Ursus arctos

SCHWARZBÄR
LAT. BEZEICHNUNG:
Ursus americanus

EISBÄR
LAT. BEZEICHNUNG:
Thalarctos maritimus

Auf dem nordamerikanischen Kontinent ist die Familie der Ursidae mit zwei Arten vertreten: dem Braunbären und dem Schwarzbären.

BRAUNBÄR

Bei den Braunbären lassen sich verschiedene Varianten oder Unterarten unterscheiden: Allen voran stehen der Grizzly sowie die größte Unterart, der auf den Kodiakinseln lebende Kodiakbär. Aufgerichtet können diese beiden eine Höhe von knapp 4 m erreichen, sie wiegen bis zu 600 kg.

Lebensraum

Das Verbreitungsgebiet der Grizzlys umfaßt die Berge von Wyoming, Montana und Idaho und zieht sich bis nach British-Columbia, Alberta sowie in die Northwest-Territories, Yukon und Alaska. Bei der Auswahl ihres Lebensraumes und ihrer Nahrung zeigen sich diese Säugetiere äußerst wählerisch.

Das beeindruckende Haupt eines Grizzlys.

Nahrung

Braunbären nutzen als Allesfresser das Nahrungsangebot, das ihnen die Natur je nach Jahreszeit bietet. Im Frühling ziehen sie nach einem langen Winterschlaf Fleisch vor und

Grizzlys nehmen als Allesfresser auch Muscheln und Krustentiere auf.

Bären lieben Wasser. Sie sind ausgezeichnete Schwimmer und Fischer.

ernähren sich hauptsächlich von jungen Säugetieren wie zum Beispiel Hirschkälbern. Wenn im Sommer dann die Lachse die Flüsse hinaufziehen, postieren sich die Bären inmitten einer kleinen Stromschnelle und fangen die Fische mit einem mächtigen Tatzenhieb und großer Geschicklichkeit ein. Meist werden die Lachse aber nur angefressen, und der Bär wendet sich erneut dem Fischfang zu. Im Herbst nehmen Grizzlys vor allem Beeren auf, insbesondere Preiselbeeren, die an den Berghängen wachsen. Dafür setzen sie ihre Tatzen wie einen „Beerenkamm" ein. Die Feinschmecker – und Vielfraße – unternehmen auch ausgedehnte Wanderungen entlang der Pazifikstrände und suchen dort nach Muscheln oder Krustentieren. Präriehunde oder andere Nager graben sie mit ihren mächtigen Tatzen aus der Erde. Einige Bären wurden sogar schon dabei beobachtet, wie sie mit geöffnetem Maul durch das Wasser schwammen und dabei Insektenlarven verschlangen. Das imposante Raubtier scheut auch nicht vor großen Beutetieren zurück, es frißt Hirsche, Karibus, Elche und Dickhornschafe oder deren Aas. Seine Vorliebe für Bienenhonig ist sicher allgemein bekannt.

Verhalten

Die Bärin bringt zwei oder drei Junge zur Welt, die sie drei Jahre lang führt. Danach verläßt die Mutter die Jungtiere und ist wieder zur Paarung bereit. Einige Biologen vertreten die These, daß männliche Bären, ähnlich den Löwenmännchen, auch schon einmal einen Wurf töten, um die Paarungsbereitschaft der Bärin auszulösen.

Nach der Trennung von der Mutter durchleben die Jungen eine gefährliche Phase: Als unerfahrene Jäger wagen sie sich oft in die Nähe von Menschen, um deren Vorräte zu plündern.

SCHWARZBÄR

Die kleineren Schwarzbären (sie wiegen maximal 250 kg) sind in weiten Teilen Nordamerikas anzutreffen, allerdings in enger begrenzten Gebieten als die Braunbären.

Lebensraum

Schwarzbären bevorzugen dichtes Unterholz oder Mischwälder.

Nahrung

Eigentlich hat der Grizzly den Ruf eines Menschenfressers. Aber leider hat die Erfahrung gezeigt, daß auch Schwarzbären gefährlicher werden können als gemeinhin angenommen.

Die Abfälle und Provianttaschen zahlreicher Camps und Outdoor-Touristen liefern eine leichte und willkommene Bereicherung des Nahrungsangebotes und führen dazu, daß einzelne Tiere ihre natürliche Scheu vor dem Menschen weitgehend verlieren. Auf diese Weise „enthemmte“ Schwarzbären plündern auch die Zucker- oder Alkoholvorräte in den Waldhütten der Trapper und lassen sich dabei auch nicht von Türen aufhalten, so stark diese auch sein mögen.

Der Besuch eines Schwarzbären in einer Wohnsiedlung hinterläßt immer Spuren – vor allem, wenn eine ganze Familie am Werk war.

Im Sommer steht der Lachs auf dem täglichen Speiseplan aller Bären.

Unterarten

Es gibt etwa zwanzig Unterarten amerikanischer Schwarzbären. Von den meisten existieren jedoch nur noch wenige Exemplare, und sie sind ledig-lich für Zoologen von Bedeutung. Im Norden British-Columbias ist die hellgrau gefärbte Unterart Ursus americanus kennodei heimisch, die man auch in Alaska antrifft. Es gibt aber auch Arten, bei denen die Färbung des Fells von tiefschwarz bis honigfarben reicht. Diese sind über den gesamten nord-amerikanischen Kontinent verbreitet: von Zentralmexiko bis Nordalaska und vom Pazifik bis zum Atlantik.

Im Herbst ziehen Braunbären wieder in die Berge und ernähren sich vorwiegend von Beeren.

Beide Bärenarten, Schwarzbär und Braunbär, halten in einer Höhle Winterschlaf. In sehr kalten Regionen, zum Beispiel in Yukon oder Alaska, kann diese Ruhephase bis zu sechs Monate dauern.

EISBÄR

Der Eisbär ist der größte Bär unseres Planeten und macht mit seiner Größe und seinem Gewicht von bis zu 700 kg selbst großen Kodiakbären Konkurrenz. Sein langhaariges weißes Fell und sein langer, gestreckter Körper zeichnen ihn als hervorragenden Schwimmer und ausdauernden Läufer aus.

Dieser riesige Bär wurde auf einer Pirsch in der Taiga nahe Anchorage (Alaska) erlegt.

Eine Eisbärenfamilie auf der Suche nach ihrer Hauptbeute: den Seehunden.

Lebensraum
Eisbären gehören im engsten Sinne der zirkumpolaren Fauna an. Ihr Lebensraum beschränkt sich somit auf die borealen Küstenstriche der Kontinente. Sind die Meere in Wintermonaten zugefroren, zwingt die Nahrungssuche die Tiere zu weiten Wanderungen.

Nahrung
Eisbären sind gefürchtete Raubtiere, die sich beinahe ausschließlich von Fleisch ernähren. Ihre Hauptnahrungsquelle stellen Seehunde dar, denen sie an Eislöchern geduldig auflauern und die sie dann mit ihren Tatzen geschickt erbeuten. Im hohen Norden macht der Eisbär auch auf die eintreffenden Limikolen Jagd. Er frißt außerdem Aas (zum Beispiel gestrandete Wale), kleine Nager oder Bodenbrüter und deren Gelege. Der einzige natürliche Feind des Eisbären bleibt der Mensch. Aber nur wenige traditionell lebende Inuit dürfen diese Bären heute noch bejagen.

Eisbären lassen sich manchmal tagelang auf Eisschollen treiben und erbeuten dabei ausschließlich Seehunde.

DIE LETZTEN EISBÄRENJÄGER

Eisbären sind durch den United States Marine Mammal Protection Act geschützt, der ihre Jagd auf dem Staatsgebiet der Vereinigten Staaten sowie den Import von Trophäen untersagt. Einzig den Inuit ist die Jagd auf Eisbären in kleiner Zahl gestattet. Sie verfolgen die Tiere mit ihren Schlittenhunden – Alaskan Malamutes oder Huskies –, welche die Bären gnadenlos angehen.
Früher wurde der gestellte Bär von diesen Eskimos mit der blanken Waffe, einem Messer oder einer Elfenbeinklinge, erlegt.

Verhalten
Wie die meisten Bären ist auch der Eisbär ein Einzelgänger, der nur in der Paarungszeit von März bis Mai mit seinen Artgenossen zusammentrifft. Die Bärin wirft nach einer Tragzeit von acht bis neun Monaten in einem Schnee- oder Eisloch in der Regel zwei Junge. Viele Monate lang bleiben die winzigen Bärenjungen (sie wiegen bei der Geburt nur 1 kg) in dieser Eishöhle, die sie vor der eisigen Kälte der Arktis schützt.
Danach begleiten sie ihre Mutter auf die Jagd, lernen zwei Jahre lang alles, was sie zum Überleben benötigen und verlassen schließlich die Mutter.
Einige Augenzeugen berichten von Orcas, die junge Eisbären vom Wasser aus

fangen. Allerdings gibt es dafür keine verläßlichen Beweise.

DAS BEJAGEN DER NORDAMERIKANISCHEN BÄREN

Für die Jagd auf Schwarzbären und Grizzlys werden verschiedene Jagdtechniken angewandt.

Die Pirsch

Die Pirsch auf Bären ist die abenteuerlichste dieser Methoden und mit Abstand auch die beliebteste. Sie findet vor allem im Herbst auf Grizzlys statt, wenn diese oft an deckungslosen Berghängen nach Beeren suchen. Die Pirsch ist dennoch eine sehr schwierige Angelegenheit. Angeblich äugen die Tiere zwar nicht sehr gut, besitzen aber einen ausgezeichneten Gehör- und Geruchssinn. Äußerste Vorsicht ist angebracht, und lange Fußmärsche sind für eine solche Jagd einzukalkulieren.

Die Jagd vom Stand

Schwarzbären werden in der Regel vom Stand aus, meist einem Hochsitz, bejagt und angeludert, Fischabfälle oder Fleisch bieten sich dazu in besonderem Maße an.
Als Waffe kommen meist Büchsen mit Zielfernrohr und Kaliber wie das .375 Holland & Holland, das .300 Winchester Magnum oder stärkere Munition zum Einsatz. Für Schüsse auf kurze Entfernung verwenden Spezialisten auch einen Drilling mit Kaliber 9,3 x 74R.
Amerikanische Jäger jagen Bären auch gerne mit dem Bogen (70-75 Pfund Zugkraft) oder großkalibrigen Revolvern (444 Kasoul).

Die Hetzjagd

In Amerika werden Bären, ähnlich wie in Skandinavien, auch mit einer Meute gejagt. Das Tier wird von den Hunden gestellt und dann erlegt – für die Meute ist das oft ein gefährliches Unterfangen.
Zum einen sind sie der Kraft des Bären natürlich hoffnungslos unterlegen, zum anderen auch darauf angewiesen, daß der Jäger beim Schuß im Durcheinander die Übersicht behält.

Bären werden auch vom Hochsitz aus bejagt. Um die Tiere anzulocken, legt man meist Fleisch- und Fischreste als Luder aus.

Das Niederwild Europas und Nordamerikas

Kaninchen

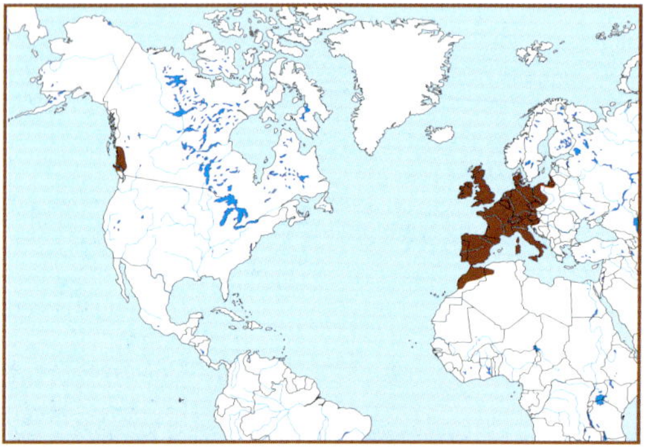

LAT. BEZEICHNUNG:
Oryctolagus cuniculus

Die bekannte Silhouette eines Wildkaninchens beim Äsen.

Das Wildkaninchen lebt wie viele Nager versteckt in einem Erdbau.

Das Kaninchen ist eine jagdlich bedeutsame Wildart. Es ist für seine Fruchtbarkeit berühmt und wird von Jägern ebenso geschätzt wie von Landwirten verflucht. Viele Regionen wären ohne Wildkaninchen nicht das, was sie sind.

BESCHREIBUNG

Das Kaninchen ist von untersetzter Gestalt und wiegt nur selten mehr als 1,5 bis 2,5 kg. Es ist, wenn es auf den Läufen steht, wesentlich kleiner als der Hase, besitzt aber ähnliche Proportionen. Es hat ein graubeiges Fell, die Löffel sind recht lang, erreichen aber nach vorne gebogen nicht die Spitze des Geäses. Es ist lebhaft, immer auf der Hut vor Angreifern, und wenn es flüchtet, bewegt sich der weiße Fleck seiner Blume mit außerordentlicher Geschwindigkeit auf und ab – was im übrigen oft alles ist, was man von ihm während der Dämmerung zu sehen bekommt.

LEBENSRAUM

Kaninchen leben in Kolonien, wobei die Wahl des Standortes der Erdbaue und deren Ausrichtung von großer Bedeutung ist. Die Röhrenausfahrten weisen meist zur aufgehenden Sonne hin, so daß sie für einen längeren Zeitraum des Tages besonnt werden. Das Kaninchen meidet konsequent Feuchtigkeit und baut deswegen seine Röhrensysteme nur in sandige Böden bzw. dort, wo das Wasser sehr gut abfließen kann.

Es kann seine weitverzweigten Baue auch ohne allzu große Schwierigkeiten in lokkerer, leichter Erde anlegen, weshalb man Kaninchen-Besiedelungen auch an ungewöhnlichen Stellen wie Autobahnböschungen, Flugplätzen und Baustellen findet.

NAHRUNG

Der Vertreter der Leporidae ist mit einem soliden Appetit gesegnet und frißt nahezu alles: Wildgräser, Leguminosen, junge Strauchtriebe, Gewürzpflanzen, kleine Sträucher... Aber auch Kulturpflanzen wie Weinreben, Luzerne, Getreide, junge Obstbäume und selbst Blumen schmecken ihm und werden regelmäßig von ihm heimgesucht.

Daraus läßt sich auch die starke Abneigung einiger Landwirte den „Grauen Flitzern" gegenüber erklären. Nachdem sich von Frankreich ausgehend in ganz Europa die Myxomatose ausgebreitet hat, sind die europäischen Kaninchenpopulationen trotz ihrer sehr hohen Vermehrungsrate vielerorts stark zurückgegangen. Eine Reaktion auf den Rückgang des Kaninchenbesatzes ist unter anderem ein erhöhter Jagddruck auf andere, sich leider weniger stark vermehrende Niederwildarten...

VERHALTEN

Die Tragzeit dieser sehr früh geschlechtsreifen Art (Häsin-

Charakteristische Haltung: Das Kaninchen sichert vor der Einfahrt den Bau.

EIN SEHR HÄUSLICHES TIER

Das Kaninchen entfernt sich nie weit von seinem Bau, und nur selten führen es seine Geschäfte weiter als einen Kilometer von seinem Geburtsort weg. Auch wenn es von einem Hund oder Räuber verfolgt wird, sucht es nur im Ausnahmefall das Weite, sondern versucht, auf dem schnellstmöglichen Weg in seinen Bau zu gelangen. Nur bei sehr großer Hitze verlassen manchmal ganze Kolonien vorübergehend ihre Behausung, um sich unterhalb günstig gelegener, kühlerer Abhänge niederzulassen. Wenn dies im Hochsommer der Fall ist, kann der Eindruck entstehen, daß die Kaninchen ausgestorben seien. Mit den ersten kühlen Tagen im Herbst kehrt die ganze Kolonie in ihre angestammten Baue zurück.

nen mit sechs Monaten, Rammler mit neun Monaten) beträgt ungefähr einen Monat. Bietet der Lebensraum nur einigermaßen annehmbare Bedingungen, bringt es eine Kaninchenhäsin regelmäßig auf sechs, manchmal sieben Sätze pro Jahr: Das zeigt, mit welcher Geschwindigkeit sich eine Kaninchenpopulation entwickeln kann, wenn es keine Epidemien gibt.

Die von diesen Tieren hinterlassenen Spuren (Anhäufungen von Losung und kleine Mulden, die sie scharren) geben eindeutig Aufschluß über die Häufigkeit der Passagen am jeweiligen Ort.

In Ländern, in denen das Kaninchen nicht von Krankheiten heimgesucht wird, wie zum Beispiel auf den Britischen Inseln, hat es sich so stark vermehrt, daß es als Schädling gilt und deswegen das ganze Jahr über bejagt werden kann, ohne daß die Populationen ernsthaft gefährdet wären.

Vor allem junge Kaninchen sind häufig Opfer zahlreicher Räuber.

Kleine Wäldchen sind das bevorzugte Jagdrevier von Kaninchenjägern mit Bracken.

DIE BEJAGUNG DES KANINCHENS

Die Jagd mit Lauf- und Stöberhunden

Das Kaninchen verbringt nicht nur einen Großteil der Nacht außerhalb des Baus, sondern hält sich auch morgens, abends und selbst am hellichten Tage häufig über der Erde auf.

Man bejagt es meist zu zweit oder zu dritt mit zwei oder drei, manchmal auch mehr Hunden. Für diese oft kleinwüchsigen, aber sehr lebhaften Jagdhelfer bieten sich verschiedene Rassen an (Brackenarten, wie zum Beispiel Basset, französischer Griffon sowie Teckel, Springer- und Cockerspaniel usw.). Ihre Aufgabe besteht darin, eine Kaninchenspur aufzunehmen, das Tier zu finden und es aufzujagen. Die Jäger, die an strategisch günstigen Stellen (Wegen, Lichtungen, am Rand eines Feldgehölzes) ihre Stände bezogen haben, verfolgen das Geschehen, indem sie sich am Laut der Hunde orientieren. Dabei müssen sie sich sehr still verhalten, da das Kaninchen häufig unverhofft beim geringsten Geräusch die Fluchtrichtung wechselt. Auch wenn es manchmal ruhig anwechselt, sollte man darauf vorbereitet sein, daß es plötzlich blitzartig flüchtet. Aus diesem Grund erfolgt die Schußabgabe instinktiv und sehr schnell. Eng gebohrte Läufe sind wegen ihrer starken Schrotbündelung zu vermeiden.

Die Jagd mit dem Vorstehhund

Kaninchen tendieren instinktiv immer zur Flucht, sobald sich eine Gefahr zeigt. Manche drücken sich allerdings auch in Deckung, oder

Der Basset Fauve de Bretagne wird in Frankreich gern zur Kaninchenjagd eingesetzt.

Kaninchen

Einsatz bei der Kaninchenjagd: Frettchen.

sie liegen bei schönem Wetter einfach inmitten eines dichten Gebüschs und ruhen. Das ist der Einsatzbereich für den Vorstehhund, der das Wild suchen und dem Jäger durch Vorstehen anzeigen muß. Kaninchen liegen insbesondere in Feldgehölzen oder in den Randzonen von dichtem Gebüsch recht fest, so daß der Hund sie gut vorstehen kann. Auch karge Hochflächen bieten dazu gute Gelegenheit, denn hier müssen sich die Kaninchen zum Äsen weit von ihren Bauen entfernen und sind dann von ihnen abgeschnitten. Sie bieten für jeden Vorstehhund einen sehr großen Reiz (nach dem Geschmack einiger Jäger einen zu großen), weshalb man darauf achten sollte, daß das Vorstehen nicht systematisch in Hetzen mündet, da so der Gehorsam des Hundes an Wild verlorengehen kann.

JAGDGEBIETE

Irland

Im Süden Irlands gibt es fast überall Kaninchen. Man findet sie in Wäldern, auf Feldern, an den Abhängen von Hügeln und in jedem Feldgehölz. Das Suir-Tal, die Kerry-Region, die Regionen um Mullingar oder Athlone bieten beste Jagdmöglichkeiten. Es sind weniger Einheimische als vielmehr Ausländer, die dort auf Kaninchenjagd gehen. In Irland finden sie in den Heidelandschaften, Torfmooren und Hügeln viel Gelegenheit zur Jagd auf Kaninchen und Hasen, da dort die Besatzdichten so sind, wie die Jäger sie aus früheren Zeiten von ihrem eigenen Land gewöhnt waren. Dabei jagen sie häufig mit Stöberhunden, welche die Kaninchen aus dichtem Gestrüpp aufstöbern.

Schottland

Aufgrund der sehr strengen Gesundheitsbestimmungen, die für die Britischen Inseln gelten, sind weite Teile Schottlands myxomatosefrei, so daß es hier vor Kaninchen

Ein solcher Lebensraum ist hervorragend für Wildkaninchen geeignet.

nur so wimmelt. Man findet sie in kleinen Waldstücken und auf Feldern, die interessantesten Jagdmöglichkeiten bieten jedoch hügelige, von Heidekraut bewachsene Abschnitte, wie zum Beispiel nördlich des Tweed-Tals. Die Besatzdichten sind so hoch, daß man sowohl mit Stöber- (Springer- oder Cockerspaniels) als auch mit Vorstehhunden jagen kann.

Spanien

Da in den mittleren und südlichen Teilen Spaniens eine karge Vegetation vorherrscht, müssen die Kaninchen zur Nahrungssuche längere Strecken zurücklegen, die sie weit von ihren Bauen wegführen. Den Tieren bleibt nur die Möglichkeit, sich bei Gefahr in einem Hohlweg, einem Dornengebüsch oder ähnlichem zu drücken. Dies bietet die Gelegenheit, sie mit dem Vorstehhund zu jagen. Dabei sollte allerdings berücksichtigt werden, daß sich aufgrund des heißen und trockenen Klimas einige Rassen wie der französische Vorstehhund oder auch der Pointer besser dazu eignen als zum Beispiel Setter. Auf jeden Fall sollten die Hunde, die man dort zur Jagd einsetzen will, mehrmals am Tag Wasser bekommen.

Frankreich

Trotz des Massensterbens durch Myxomatose und den RHD-Virus, eine weitere seuchenhafte Krankheit der letzten Jahre, gibt es in zahlreichen französischen Regionen wie zum Beispiel der Bretagne, der Auvergne, dem Limousin und dem Mittelmeergebiet wieder bejagbare Kaninchenpopulationen. Je nach Geländestruktur jagt man Kaninchen dort entlang von Feldgehölzen und kleinen Waldstücken in Begleitung von Buschierern wie dem Cocker und dem Épagneul. Im Buschwald, auf der Heide oder auch im Wald wird auf Kaninchen oft mit kleinen, sehr zähen Laufhunden gejagt.

Manche Jagdteams sprengen die Kaninchen mit Frettchen aus dem Bau. In diesem Fall werden alle bekannten Bauausfahrten von Schützen besetzt, die sehr geschickt sein müssen, um die Kaninchen zur Strecke zu bringen.

Der Springerspaniel buschiert sehr gut auf Kaninchen.

Feldhase

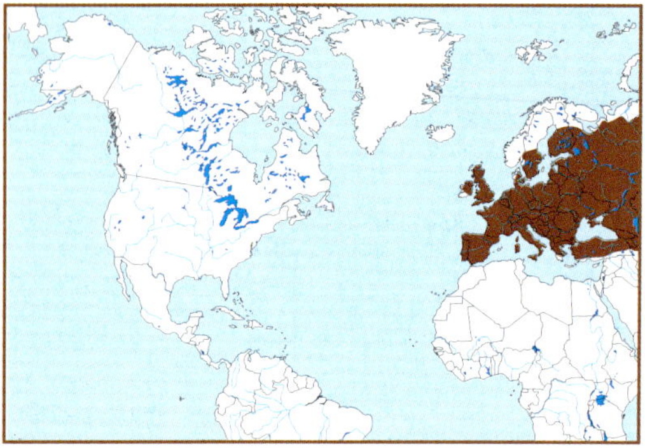

LAT. BEZEICHNUNG:
Lepus europaeus

Der Feldhase als bekanntester Vertreter des Niederwilds ist eine begehrte Jagdbeute. Ein Jäger, der mit einem Hasen im Rucksack heimkehrt, kann sich der neidischen Blicke anderer sicher sein, da seine Beute ein Festmahl verspricht. Das Verhalten des Hasen, in dem manche Torheit, andere Gerissenheit zu erkennen glauben, gibt nach wie vor viele Rätsel auf.

Typische Konfrontationshaltung zweier Rammler.

BESCHREIBUNG

Häufig wird die Ansicht vertreten, der Feldhase (Lepus europaeus) entspreche äußerlich einem großen Kaninchen. Es gibt allerdings genügend Unterscheidungsmerkmale, anhand derer selbst Junghasen und Jungkaninchen trotz gewisser Gemeinsamkeiten auseinandergehalten werden können. Zum Beispiel hat der Hase verhältnismäßig längere Ohren, die nach vorne gebogen bis an die Spitze des Geäses reichen. Besonders die Hinterläufe des Hasen sind proportional sehr viel länger als die des Kaninchens, außerdem hoppelt er ausgeprägter.

Die Färbung des Hasen variiert zwischen rötlich und beige mit mehr oder weniger braunen und schwarzen Haaren. Die Unterseite seines Bauchs und seiner Blume sind weiß, die Spitzen seiner Löffel schwarz gefärbt.

LEBENSRAUM

Der Feldhase besiedelt die unterschiedlichsten Lebensräume, von der Kulturlandschaft bis zu den Wäldern,

Dieser Hase ist in seiner Sasse durch Buschwerk vor der Kälte geschützt.

von der Heide bis zum Gebirge – gelegentlich kommt er sogar über 2000 m vor – sowie von der Brache bis hin zur Knicklandschaft. Außerhalb der Fortpflanzungszeit sind Hasen eher Einzelgänger, vor allem zum Äsen finden sie sich jedoch zu lockeren Gesellschaften zusammen. Im Gegensatz zum Kaninchen legt der Hase keine Erdbaue an, sondern hält sich tagsüber (er wird nur in der Dämmerung und nachts aktiv) in seiner Sasse auf. Eine Sasse ist eine geschützte Mulde, deren Lage von den klimatischen Bedingungen des Standorts abhängt.

Bei milden Temperaturen kann sie sich unter einem Farnkraut oder zwischen Gräsern, in einem Gebüsch oder Feldgehölz befinden. Wird es kälter oder feucht, liegt sie im Schutz von Steinen, unter einem umgestürzten, mit trockenem Gras bedeckten Baum oder in dichtem Strauchwerk. Das Revier des Hasen ist größer als das des Kaninchens, hat er jedoch einmal ein Revier besetzt, ist er recht standortstreu.

Hasen beim Äsen in der Nähe eines Kohlfeldes.

SPEKTAKULÄRE GRÖSSENUNTERSCHIEDE

Obwohl es sich um ein und dieselbe Art handelt, sind zwischen Spanien und Ungarn, England und der Ukraine die Größenunterschiede beim Hasen beträchtlich. So kann ein bulgarischer oder auch rumänischer Hase 7-8 kg wiegen, wobei er in Frankreich nur selten mehr als 5 kg erreicht. In Spanien oder auch Irland gilt er bereits als ein sehr schönes Exemplar, sobald er über 3 kg auf die Waage bringt. Diese Gewichtsunterschiede erklären sich vor allem aus einem unterschiedlichen Nahrungsangebot, das auch innerhalb eines Landes variieren kann.
So wiegen die Hasen der nördlichen Hälfte Frankreichs im Durchschnitt 1,5 kg mehr als die entsprechenden Vertreter aus dem Süden, wo Nahrung im allgemeinen schwerer zu finden ist.

Der einzige Schutz der Junghasen ist ihre hervorragende Tarnung.

NAHRUNG

Der Hase frißt Gras, Blätter und Körner. Gräser und Leguminosen äst er ebenso gerne, auch Gewürzpflanzen und Knospen junger Wald- und Obstbäume.

VERHALTEN

Hasen leben polygam, die Rammler innerhalb eines Gebietes sind also Konkurrenten. Während der sogenannten Rammelzeit finden sich ungefähr ein Dutzend Hasen, manchmal auch mehr, zu „Hochzeitsgesellschaften" zusammen. Es finden dann regelrechte Verfolgungsjagden statt, die nicht selten in einer Rauferei enden. Im Anschluß paart sich der stärkste Rammler mit der Häsin, und nach einer Tragzeit von ungefähr 42-43 Tagen setzt diese die Jungen (zwei bis vier pro Satz, selten fünf oder sechs, bis zu drei Sätze jährlich), die schon behaart und mit voll entwickelten Sinnen ausgestattet sind. Bereits nach wenigen Stunden können die Junghasen laufen, man bezeichnet sie deshalb auch als Laufjunge. Die Jungen werden in etwa drei Wochen abgestillt und leben schnell selbständig. Manche Junghasen sind bei Vollendung des sechsten Lebensmonats fortpflanzungsfähig.

IM VERHALTEN UNBERECHENBAR

Ist Gefahr in Verzug, ist die Reaktion eines Hasen oft schwer einschätzbar. Sowohl Mensch als auch Hund oder Räuber schlagen den Hasen manchmal bereits auf große Entfernung in die Flucht. Es kommt aber auch vor, daß er erst dann aus seiner Sasse fährt, wenn man schon fast über ihn stolpert. Einen Hasen, der sich in offenem Gelände in einer Ackerfurche drückt, kann man manchmal einige Minuten lang beobachten. Hat er sich in undurchdringlichem Unterholz versteckt, fährt er manchmal so plötzlich auf, daß der ahnungslose Jäger unter Umständen vor Schreck zusammenfährt. Oft scheint das Verhalten des Menschen dem Hasen bestimmte Reaktionen zu diktieren. Ist das Tier gut zu sehen, wird es unbeweglich verharren, solange man nicht zu ihm hinschaut, insbesondere dann, wenn man nach seiner Entdeckung nicht gleichzeitig stehenbleibt. Wenn man im Gehen innehält, verlassen Hasen fast immer plötzlich ihre Deckung.

DIE BEJAGUNG DES HASEN

Die Jagd mit Lauf- und Stöberhunden

Für viele Jäger ist der Einsatz von Lauf- oder Stöberhunden speziell auf Hasen die spektakulärste und spannendste Jagdmethode, in Deutschland ist dies jedoch weniger üblich. Für die Jagd in der Knicklandschaft und am Rande von Ebenen werden in Frankreich eher schnelle und mittelgroße Hunde wie der Ariégeois oder der Jura-Laufhund eingesetzt, im Buschwald und Gestrüpp dagegen eher kleinwüchsigere, methodisch buschierende Hun-

DER SCHNEEHASE

Der Schneehase (Lepus timidus) wechselt je nach Jahreszeit die Farbe des Fells. So weist es im Sommer eine graubraune Oberseite auf, im Herbst ist es zunehmend von weißen Haaren durchsetzt und wird im Winter, mit Ausnahme der Löffelspitzen, völlig weiß. Der Schneehase ist bei einem durchschnittlichen Gewicht von 2,5 kg kleiner als der Feldhase. Mit seiner gedrungenen Gestalt befindet er sich zwischen Hase und Kaninchen. Wie alle Hasen ist er dämmerungs- und nachtaktiv und hält sich tagsüber versteckt. Liegt eine dicke Schneedecke, gräbt sich der Schneehase darin ein, um sich vor der Kälte zu schützen. Da sich die Verbreitungsgebiete von Feld- und Schneehase überschneiden, kommt es von Zeit zu Zeit zu Kreuzungen mit lebensfähigen, allerdings unfruchtbaren Nachkommen. Schneehasen gibt es in den Alpen, in Schottland, Irland und den skandinavischen Ländern sowie in ganz Nordeuropa in manchmal unglaublich hohen Besatzdichten.

Die Hasenjagd mit Laufhunden hat viele Anhänger.

de wie der Basset Fauve de Bretagne oder der Petit Griffon Vendéen.
Der Hundeführer begibt sich für die Jagd morgens mit angeleinten Hunden in die Nähe der Äsungsplätze (das können Wiesen, Weiden, Felder, Lichtungen und Waldränder sein) und prüft, ob Hasen anwesend sind. Die anderen Jäger beziehen in der Nähe bekannter oder auch vermuteter Hasenpässe ihren Stand. Haben die Hunde eine Hasenspur aufgenommen, erkennt man dies an ihrem Spurlaut: Wird ein Hase gestochen, schlägt dieser Laut in einen meist helleren, erregteren Sichtlaut um. Jetzt kann der Hase jeden Augenblick in der Nähe eines Schützen auftauchen. Die Jäger müssen wachsam sein, denn der Hase befindet sich oft weit vor den Hunden.
Manchmal bewegt er sich dabei noch recht langsam und läßt ausreichend Zeit zum Anschlag und Mitfahren. Nicht selten dreht der Hase am Rande der Deckung noch einmal, um dann plötzlich hochflüchtig über die freie Fläche abzugehen. Jetzt ist eine schnelle Reaktion des Jägers nötig.
Nur noch selten ausgeübt wird bei der Jagd mit Lauf- und Stöberhunden das klas-

sische Brackieren. Diese Jagdmethode nutzt den Umstand, daß der gejagte Hase nach einer mitunter kilometerlangen Flucht vor dem Hund meist in die Nähe seines Ausgangspunktes zurückkehrt und dann abgepaßt werden kann. Das Brackieren setzt spurlaute, sehr weit und absolut spurtreu jagende Hunde voraus. Man findet sie vor allem unter den Brackenarten, wie der Name dieser Jagdart schon andeutet.

Die Treibjagd

Hasentreibjagden sind in offenem Gelände, auf der Heide oder in sehr weitläufiger Knicklandschaft sehr beliebt. Man benötigt dazu sehr viele Treiber, da sich die Hasen häufig, vor allem bei nassem Wetter, fest drücken und erst dann flüchten, wenn ein Treiber dicht aufrückt. Dabei steht der Hase oft in genau dem Moment auf, in dem der Treiber anhält. Manche Hasen halten jedoch auch fest aus und lassen die Treiber an sich vorbeilaufen, um sich dann nach hinten in Sicherheit zu bringen. Die angestellten Schützen haben dann im allgemeinen keine größeren Schwierigkeiten, die Hasen zu erlegen, da diese sich meist nur mit mäßiger Geschwindigkeit

Hasenjagd auf freier Fläche.

DIE HETZJAGD ZU FUSS

In Deutschland ist die reine Hetzjagd mit Hunden und ohne Gewehr aus Gründen des Tierschutzes strikt untersagt und unter deutschen Jägern auch als grausam verpönt. In Großbritannien und Frankreich wird sie dagegen manchmal durchgeführt.
Die Hundeführer organisieren eine Laufhunde-Meute, die oft aus Beaglen, Beagle-Harriern oder Anglo-Français besteht. Bei dieser Jagdmethode besteht das Ziel darin, den Hasen so spät wie möglich zu stellen und dadurch die jagdlichen Qualitäten der Hunde zu trainieren, die es mit einem Wild zu tun haben, das mehr als eine Finte in seiner Trickkiste hat und oft erst nach vier bis fünf Anläufen gefaßt wird.

bewegen. (In Deutschland dürfen die sogenannten Durchgehschützen nach dem Erlaß der neuen Unfallverhütungsvorschrift [UVV] Jagd seit dem Jahr 2000 nur noch eingeschränkt eine geladene Waffe mit sich führen.) Anders ist das bei den Tieren, die in geringerer Entfernung hochgemacht werden: Sie sind oft sehr schnell und versuchen, wild hakenschlagend die Linie zu durchbrechen. Insbesondere beim Feldtreiben werden Hasen manchmal auf recht große Entfernungen geschossen, maximale Obergrenze sollten jedoch 35-40 m sein. Geeignet sind die Schrotstärken 3 mm (Nr. 5) oder 3,5 mm (Nr. 3), letztere vor allem bei nassem Wetter und weiten Schußdistanzen. Treibjagden gelten als nicht sehr sportlich. Allerdings sind auf diese Weise die Entnahmen gut meßbar, wodurch eine gezielte Bewirtschaftung des Reviers möglich wird.

Die Jagd mit dem Vorstehhund

In Deutschland ist die Hasenjagd mit Vorstehhunden sehr verbreitet. Sie findet vor allem im Rahmen von Feldjagden statt, bei denen auch andere Niederwildarten bejagt werden. Vorstehhunde können natürlich vor allem in Revieren mit vergleichsweise hohen Hasenbesätzen und einer entsprechenden Spurendichte Erfahrung bei der Arbeit am Hasen sammeln.

Der Hase hält sich gern in der Feldflur auf. Dort kann man ihn gut auf der Suchjagd mit dem Vorstehhund bejagen.

Dieser Hase, von einem Épagneul vorgestanden, wurde mit dem ersten Schuß getroffen.

Typische Szene einer Hasenwaldjagd in Polen.

Alle Vorstehhunde jagen gern an Hasen und stehen sie vor, sofern sie vom Herrn nicht speziell auf eine einzige Wildart eingearbeitet wurden. Sie verfolgen den Hasen rein instinktmäßig und bringen ihn gelegentlich mit etwas Glück oder auch aus Jagdverstand in die Reichweite der Flinte des Herrn. Von einem perfekt gearbeiteten Vorstehhund wird allerdings erwartet, daß er den aufstehenden gesunden Hasen nicht hetzt.

Auch bei der Suche nach Rebhühnern und Fasanen stößt man auf Feldern, am Ende von Feldgehölzen, in kleinen Wäldchen oder in größeren Waldgebieten oft auf Hasen. Bei feuchter Witterung oder Frost stehen die Chancen besser, sie an besonnten Südlagen anzutreffen – in Bereichen mit niedriger und trockener Vegetation oder auch zwischen Steinen.

Die Schußabgabe auf den Hasen erfolgt bei der Jagd mit dem Vorstehhund oft instinktiv, da sich das Tier meist für den Jäger unkalkulierbar schnell bewegt und dann zwischen der Vegetation verschwindet.

Für kurze und mittlere Entfernungen empfehlen sich für die Jagd mit dem Vorstehhund Schrotstärken von 2,5 mm (Nr. 7) oder 3,0 mm. Auf größere Distanzen, wie zum Beispiel in offener Landschaft oder auf der Heide, sind 3,5 mm-Schrote besser.

JAGDGEBIETE

Spanien

In einem Großteil Spaniens gibt es so viele Hasen, daß sie mit Vorstehhunden gejagt werden. Die vorkommenden Hasen sind im allgemeinen nur mittelgroß (2-3 kg).

Ungarn

Ungarn und auch andere osteuropäische Länder wie die Ukraine, Bulgarien und Polen bieten viele kapitale Hasen. In Ungarn werden Hasen per Suchjagd zu mehreren Jägern bejagt. Ansonsten gibt es klassische Treibjagden mit manchmal unglaublichen Strecken sowohl hinsichtlich der Stückzahl als auch der Größe der erlegten Tiere.

Irland

Ganz Irland weist hohe Hasenbesätze auf. Dabei kommt der Feldhase eher in geringer Höhe und am Rande von Wiesen und Weiden vor, der Schneehase dagegen häufiger an den Ausläufern von Torfmooren, Heiden und karg bewachsenen Hügeln.

Hasen werden dort im allgemeinen im Rahmen der Suchjagd auf Fasanen oder Schnepfen geschossen.

Rebhuhn

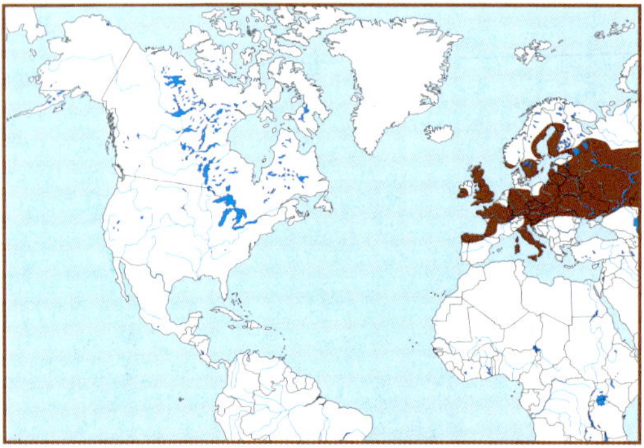

Lat. Bezeichnung:
Perdix perdix

Das Rebhuhn, der Königsvogel der großen Kornebenen, hat unter der Modernisierung der Landwirtschaft stark gelitten.

BESCHREIBUNG

Mit seinen eher rundlichen Formen erinnert das Rebhuhn in gewisser Weise an ein Haushuhn im Kleinformat. Sein Federkleid zeigt eine Mischung recht dunkler Farben, bei denen Grau, Braun und rötliche Töne vorherrschen. Mit seinen kurzen, aber kräftigen Flügeln kann der Vogel schnell auffliegen und lange gleiten. Am beeindruckendsten ist jedoch seine Laufgeschwindigkeit am Erdboden.

Das Rebhuhn mit seinem charakteristischen dunklen Schild.

EINE SEHR GEFÄHRDETE ART

Rebhühner sind, einmal abgesehen von dem Jagddruck, vielerlei Gefahren ausgesetzt: Da ihr Gelege leicht zugänglich ist (Rebhühner baumen nicht auf), werden sie häufig dort aufgestöbert. Auch können sehr strenge Winter mit längeren Frostperioden die Besätze sehr stark dezimieren. In der westeuropäischen Kulturlandschaft bedroht zudem die moderne Landwirtschaft das Rebhuhn: Dem Vogel fehlt es an ausreichender Deckung, außerdem sind die Wirtschaftsmethoden für Gelege und Küken oft tödlich. Insektizide schädigen und vergiften die Küken und Junghühner verstärkt über die kontaminierten Nahrungsinsekten. Aus dieser Erkenntnis heraus wurden inzwischen unter Jägern und Landwirten Vereinbarungen zur Verbesserung der Lebensbedingungen des Rebhuhns getroffen.

LEBENSRAUM

Rebhühner besiedeln viele Lebensräume, von den großen Kornebenen über Knicklandschaften und naturbelassene Wiesen und Weiden bis zu Hügeln mit niedriger Vegetation. Lediglich in vorwiegend geschlossenen Landschaften kommen sie nicht vor.

NAHRUNG

Rebhühner leben von Körnern, Kräutern, Knospen und – vor allem die Küken – von eiweißreicher Insektennahrung. Die meiste Zeit äsen sie.

VERHALTEN

Die Henne legt ein Dutzend Eier in eine Mulde direkt im Erdboden, die sie mit einigen trockenen Gräsern ausgepolstert hat, und bebrütet sie ungefähr 20 Tage. Sofort nach dem Schlüpfen folgen die Küken der Henne und bilden mit ihr eine sogenannte Kette. Sollte das erste Nest durch einen Nesträuber zerstört werden, legen die Tiere fast immer an einer anderen Stelle Nachgelege an.

Die Küken sind sehr gefährdet und fallen oft Räubern, Witterungsunbilden oder einer für sie unvorteilhaften Landwirtschaft zum Opfer.

DIE BEJAGUNG DES REBHUHNS

Die Rebhuhntreibjagd

Rebhuhntreibjagden sind sehr beliebt. Sie bedürfen einer exzellenten Organisation, bei der nichts dem Zufall überlassen bleiben darf. Das bejagte Revier wird in Abhängigkeit von Wind, Bewuchs und Geländerelief in Abschnitte eingeteilt, die nacheinander in streng chronologischer Reihenfolge durchgetrieben werden. Die Treiberlinie, die die Vögel vor sich hertreiben soll, marschiert von einer Seite aus los. Ihr gegenüber befindet sich die oft in einem Halbkreis aufgestellte Schützenlinie, in deren Richtung die aufgesprengten Vögel mit hoher Geschwindigkeit fliegen. Der Schuß auf ein Rebhuhn ist nicht einfach und verlangt ein ausreichendes Vorhaltemaß und rasches Mitschwingen. Empfehlenswert sind Flinten mit 1/4- und 3/4- oder 1/2- und Vollchoke. Als Munition wird Schrotgröße Nr. 7 (2,5 mm) verwendet, an windigen Tagen kann es auch Nr. 5 (3,0 mm) sein. Fehlt es dem Schützen an der notwendigen Schießfertigkeit und wird das Rebhuhn nur geflügelt, fällt es zwar herunter, entfernt sich am Boden laufend aber meist noch weit vom Ort der Landung. Ein Retriever mit ausgeprägtem Marking (was sich auf die Fähigkeit des Hundes bezieht, sich einen Aufschlagpunkt zu merken) verhindert, daß allzu viele angeschossene Vögel verlorengehen.

Polen ist ein bevorzugtes Reiseziel für Rebhuhnjäger.

Die Jagd mit dem Vorstehhund

Da Rebhühner, auch in größeren Höhen, in sehr offenem Gelände leben, erfordern sie eine recht großflächige Suche. Dafür müssen die Hunde das Gelände sehr systematisch und sorgfältig absuchen, damit keine Teilbereiche ausgelassen werden.

Für ein gründliches Vorgehen ist es besser, den Hund nicht allzu weiträumig, sondern eher eng suchen zu lassen, damit er nicht nur läuft, sondern wirklich gut arbeitet. Rebhühner sind immer äußerst wachsam und laufen beim geringsten Anzeichen von Gefahr davon. Die Hunde müssen deshalb häufig mehrmals nachziehen, bevor es gelingt, die Hühner festzumachen. Dies geschieht vor allem dann, wenn einzelne Vögel isoliert worden sind. Liegt ein Vogel zum Beispiel in einem Feldgehölz, einer Brache oder einer Bodensenke endlich fest, zeigt ihn der erfahrene Hund durch Vorstehen an. Jetzt muß sich der Jäger dem Hund in möglichst weitem Bogen von vorn nähern, um in eine gute Schußposition zu gelangen. Auch wenn Rebhühner schnell aufsteigen, sollte man sich genug Zeit zum Zielen nehmen. Fliegt die ganze Kette auf, darf nie wahllos hineingehalten werden. Es muß immer auf einen bestimmten Vogel gezielt werden und danach gegebenenfalls auf einen zweiten.

Der Deutsch-Kurzhaar ist wegen seiner Vielseitigkeit auch bei der Rebhuhnjagd hervorragend einsetzbar.

JAGDGEBIETE

Polen

In Polen waren die Reviere lange Zeit ein idealer Lebensraum für Rebhühner. Wahrscheinlich auch, weil der Jagdtourismus eine bedeutende Einnahmequelle für das Land darstellte, wurden die Reviere gewissenhaft in festen Strukturen verwaltet. In den letzten Jahren sind jedoch zum Bedauern der Jäger auch die Rebhuhnvorkommen Polens, vor allem im Westen des Landes stark zurückgegangen.

Grund ist auch hier die Intensivierung der Landwirtschaft nach EU-Vorbild. Entsprechend hat die Bedeutung des Rebhuhns für den polnischen Jagdtourismus als Einnahmequelle des Landes inzwischen deutlich nachgelassen.

Belgien

Belgien ist sehr reich an Niederwild. Da die meisten Flächen des Landes landwirtschaftlich intensiv genutzt werden, ist die Jagd streng reglementiert.

Die Jagdrechte in den sehr unterschiedlich großen Revieren werden jedes Jahr versteigert, wofür sich häufig Jägergemeinschaften bilden, die dann bei den Versteigerungen mitbieten.

In den meisten Fällen werden Rebhühner zur gleichen Zeit wie andere Arten bejagt. Bis zur Erfüllung des Abschußplans, der natürlich in Abhängigkeit von der Größe der Population der Vögel festgelegt wird, finden mehrere Treibjagden statt. In anderen Revieren wiederum wird ausschließlich die Streife als eine Spezialform der Treibjagd durchgeführt.

Geschlechtsbestimmung am Beutetier im Interesse des Wildmanagements.

Rothuhn

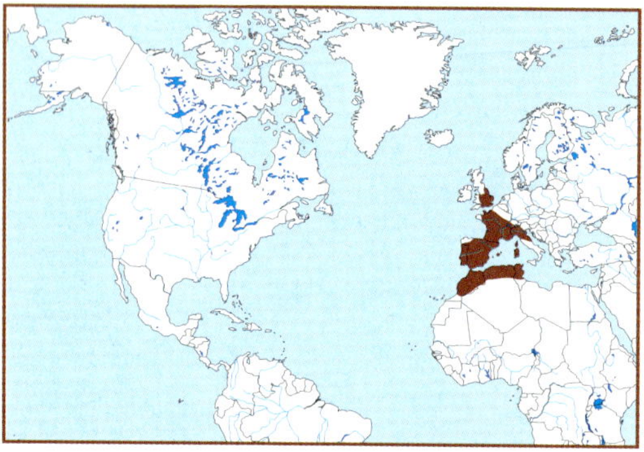

Lat. Bezeichnung:
Alectoris rufa

Der Rothuhn-Hahn sichert auf einer Anhöhe.

Das Rothuhn ist ein Vogel der südlichen Breiten und bewohnt vorwiegend Heide- und Knicklandschaften.

BESCHREIBUNG

Rothühner sind größer und rundlicher als Rebhühner. Im Gegensatz zu deren recht unauffälliger Erscheinung haben die Rothühner einen leuchtend roten Schnabel und ocker-schwarz gebänderte Seiten. Ihr Hals ist bläulich- grau, dessen Vorderseite wird von einem schwarzen Ring geschmückt. Rücken und Flügeldecken der Rothühner weisen mattere Farben auf, eine Mischung aus Grau und Braun.

LEBENSRAUM

Das Rothuhn kann sich an unterschiedliche Lebensräume anpassen, sofern es dort nicht zu kalt wird. Es besiedelt die Heide und Weinkulturen, Knicklandschaften oder auch schroffe Gebirge.

NAHRUNG

Das Rothuhn ist den ganzen Tag aktiv und unermüdlich auf der Suche nach Samen, Körnern sowie den unterschiedlichsten Früchten, Sandbeeren und Insekten. Es ernährt sich aber auch gerne von Feldfrüchten wie Weintrauben, Erbsen, Linsen und Kichererbsen.

Rothühner lieben eher eine struktur- und abwechslungsreiche Landschaft mit guter Deckung, also offene Landschaft und ausreichend Buschwerk.

Das Rothuhn flüchtet sehr häufig, nicht indem es wegfliegt, sondern wegläuft.

oft nicht nahe genug heran, um sie schießen zu können. Erfolgversprechend ist die Situation vor allem dann, wenn es dem Jäger gelingt, vereinzelte Rothühner in ihrer Deckung zu finden: Bei heißem Wetter liegen sie dort zum Verdauen. Bei feuchtem Wetter verlassen die Rothühner ihren Unterschlupf nur ungern.

VERHALTEN

Die Paare, die zum Teil ein ganzes Leben zusammen verbringen, haben ihr Gelege in trockenen Grabenmulden, am Fuße von Felsen oder in Feldgehölzen.

Nach einer Brutzeit von zwanzig Tagen schlüpfen die Küken. Sie sind Nestflüchter und werden von ihren Eltern streng bewacht. Später bilden sie eine Kette, die sich nur selten auflöst. Rothühner meiden Jagdreviere und lassen sich gern am Rande bewohnter Gebiete nieder, in denen kein Jagddruck herrscht.

DIE BEJAGUNG DES ROTHUHNS

Die Jagd mit dem Vorstehhund

Da die Rothuhn-Besatzdichte in allen Ländern, in denen diese Vögel vorkommen, nicht besonders hoch ist, werden sie im wesentlichen mit Vorstehhunden bejagt. Die Suchjagd ist anstrengend und findet zum Teil in bergigen Lagen statt. Dies erfordert von den Hunden viel Ausdauer und eine stark entwickelte Jagdpassion. Rothühner sind sehr gute Läufer und nutzen geschickt Vegetation und Bodenrelief aus, um plötzlich aus der Deckung aufzustehen. Außerdem sind sie nur schwer festzumachen. An ganze Ketten von Rothühnern kommt man

Prächtige Rothühner.

Die Rothuhnjagd mit dem Vorstehhund ist oft recht anstrengend, dafür aber auch erlebnisreich.

Die Rothuhn-Treibjagd

Einige speziell bewirtschaftete Reviere zum Beispiel in Spanien werden nur wenige Tage im Jahr per Treibjagd bejagt. Die Jagdverantwortlichen dieser Reviere bestätigen, daß es besser ist, bei wenigen Gelegenheiten das ganze Revier scharf zu bejagen, als eine zwar schwache, aber häufige und damit störungsintensive Bejagung zu betreiben. Bei diesen Treibjagden beziehen die Jäger feste Stände, und eine sehr lange Treiberlinie treibt das Wild auf sie zu. Die hochgemachten, schnell streichenden Vögel sauber zu erlegen, erfordert geübte Schützen.

JAGDGEBIETE

Spanien

Spanien bietet in der Nähe von Toledo, südöstlich von Madrid, in Andalusien und in zahlreichen anderen Gegenden herrliche Rothuhnreviere mit optimalen Entwicklungsbedingungen für die Vögel. Viele Hundetrainer zieht es deshalb auch im Januar und Februar nach Andalusien, um dort ihre Vorstehhunde auf die Frühjahrswettbewerbe vorzubereiten. Die Treibjagden in dieser Gegend, bei denen mächtige Treiberlinien den Jägern die Vögel zutreiben, haben manchmal gewaltige Ausmaße.

In vielen Revieren in Spanien dürfen Rothühner nur per Treibjagd gejagt werden, die Suchjagd ist dort lediglich auf Hasen und Kaninchen erlaubt. In einigen Gebieten sind aber auch Vorstehhunde zugelassen. Wegen des heißen und trockenen Klimas sind vor allem widerstandsfähige Hunderassen wie der Perdiguero de Burgos, der Braque Saint-Germain oder auch der Pointer für die Bejagung geeignet.

Auch in Frankreich, dort vor allem im Mittelmeerraum, in Irland, England und Süditalien gibt es einige verschiedene, durchaus nennenswerte Rothuhnpopulationen.

Die Lebensräume und das Klima Spaniens sind ideal für Rothühner.

DAS STEINHUHN

Steinhühner kommen in den Alpen, in Albanien, auf der Krim, in Kasachstan und auch in anderen osteuropäischen Ländern vor. Das Steinhuhn *(Alectoris graeca)* ist dem Rothuhn zwar sehr ähnlich, aber größer – es kann bis zu 1 kg schwer werden. Weitere sichere Unterscheidungsmerkmale gegenüber dem Rothuhn sind das schwarze, durchgehende Halsband und die doppelte schwarze Flankenbänderung des Steinhuhns (Rothühner tragen nur einen Streifen). Steinhühner leben in Ketten, die noch schwieriger anzugehen sind als die der Rothühner. Sie sind erstaunlich widerstandsfähig gegenüber schwierigen Lebensbedingungen wie rauhem Klima und eingeschränktem Nahrungsangebot.
In Gebieten, wo die Lebensräume von Rothuhn und Schneehuhn überlappen, kann es zu Kreuzungen kommen.

Fasan

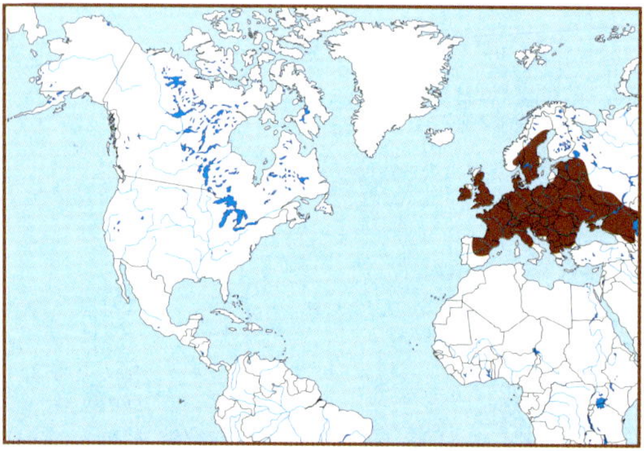

LAT. BEZEICHNUNG:
Phasianus colchicus

BESCHREIBUNG

Mit seiner typischen Gestalt und seinen unverwechselbaren Farben – dem blaugrünen Kopf, Augenrosen, einem rein weißen Halsring, dem rötlich-goldorangefarbenen Körper mit hellen und dunklen Sprenkeln sowie dem langen braunen Stoß mit schwarzen Bändern – ist der Fasanenhahn recht leicht zu erkennen. Im Gegensatz dazu ist die Henne mit ihrer Tarnfärbung aus Braun, Beige und braunen Streifen eher unauffällig.

LEBENSRAUM

Wie alle Hühnervögel ist der Fasan fast ununterbrochen aktiv und bewegt sich vorwiegend am Erdboden. Er

Fasane auf Äsung an einer flachen Seebucht.

Der Jagdfasan fällt vor allem im Frühjahr und während der Balz durch sein Imponiergehabe auf. Die leuchtenden Farben des Hahnes, sein lautes „Gocken" und auffälliges Flügelschlagen, mit denen er sein Revier optisch und akustisch verteidigt, imponieren nicht nur den Rivalen und Hennen. Der Fasan wird in vielen Ländern gezielt bejagt. Jagdlich besonders interessant sind seine noch ursprünglichen, wilden Vorkommen.

Dem Fasanenhahn kann der rauhe Winter nichts anhaben.

EIN VOGEL MIT „SCHÖNER" VERWANDTSCHAFT

Es gibt zahlreiche Fasanenarten weltweit. Nur einige davon wurden nach Europa eingeführt, mit unterschiedlichen Ergebnissen: Die Ansiedlungsversuche mit dem Goldfasan (Chrysolophus pictus) kann man alles in allem sicher nicht einen echten Erfolg nennen, wenngleich einige Exemplare in freier Wildbahn überlebten. Gleiches gilt für den Diamantfasan (Chrysolophus amherstiae). Dagegen zeigt der Königsfasan (Syrmaticus reevesii) dort, wo Reviere ernsthaft bewirtschaftet werden, eine erstaunliche Anpassungsfähigkeit. Der Hahn des Chinesischen Jagdfasans hat einen prächtigen hellen, schwarz gebänderten Stoß, der bis zu zwei Meter lang werden kann. Der dunkel gefärbte P. colchicus tenebrosus mit seinem herrlichen, metallisch schimmernden Federkleid stellt keine eigene Art, sondern lediglich eine melanistische Mutante des Böhmischen Jagdfasans (Phasianus c. colchicus) dar und ähnelt dem Japanischen Schillerfasan (P. c. versicolor).

hält sich vorzugsweise in freiem Gelände auf niedrig bewachsenen Weiden, Wegen und Alleen auf. Große, geschlossene Waldgebiete meidet er. Bei vollem Tageslicht oder bei Störungen sucht er die Deckung von Brachen. Fasanen baumen nachts meist auf, bei Gefahr auch am Tage.

ERNÄHRUNG

Der Fasan ernährt sich sehr abwechslungsreich. Er frißt wildwachsende Beeren und Wildkräutersamen sowie Trauben, Mais, Gras, Schnecken und Insekten, die er vor allem in Feldkulturen in der Nähe von kleineren Wäldern, Brachen und Heideflächen findet.

Da Fasane viel Wasser brauchen, findet man sie auch häufig an Ufern von Seen, Teichen und Wasserläufen.

Ein wilder Fasanenhahn – für den Vorstehhund nicht leicht einzuschätzen.

URSPRÜNGLICHE WILDE IN FRANKREICH

Wider Erwarten hat sich auf der Mittelmeerinsel Porquerolles im Departement Var eine der schönsten Wildfasanenpopulationen weltweit entwickelt. Deckung, Brachen und Felder in wechselnder Reihenfolge, Regulierung der Räuber, überlegte Entnahmen, ein Inselrevier, das leicht zu überwachen ist... hier sind alle Voraussetzungen für eine dynamische Populationsentwicklung gegeben.
Aber auch auf anderen kleinen Mittelmeer- und Atlantikinseln leben natürliche Fasanenpopulationen.
Sie liefern den Beweis, daß eine gute Revierpflege entspechend gute Ergebnisse zeitigt.
Unter solchen Bedingungen ist gut jagen!

VERHALTEN

Vor Anbruch des Frühjahrs läßt der Hahn regelmäßig seinen rauhen Revierruf erschallen, um möglichen Rivalen sein Territorium anzuzeigen. Dringt ein Konkurrent darin ein, kommt es zu Imponiergehabe und unter Umständen auch zu Kämpfen. Hierbei dienen die Sporne an den Rückseiten der Ständer als Trittwaffen. Bei diesen Auseinandersetzungen verteidigt der Revierinhaber auch seinen Besitzanspruch gegenüber den Hennen. Fasanenhähne leben polygam, im Durchschnitt kommen auf einen Hahn drei bis vier Hennen. Dieser eher theoretische Wert kann in Abhängigkeit vom Geschlechterverhältnis des Fasanengeheges, von den Habitatbedingungen sowie von der Durchsetzungsfähigkeit des Hahns bei der Revierverteidigung natürlich stark schwanken.
Am Brutgeschehen ist der Hahn völlig unbeteiligt: Nach der Paarung kümmern sich nur die jeweiligen Hennen um das Gelege und die Küken-

Zwei Fasanenhähne während der Balzzeit – Platz ist nur für einen.

Flügelschlagen des Fasanenhahnes, neben dem rauhen Revierruf ein typisches Signal der Revierverteidigung.

aufzucht. Die 10-12 Eier eines durchschnittlichen Geleges werden im Durchschnitt 24 Tage bebrütet.
Die Küken schlüpfen als Nestflüchter, sofort folgen sie ihrer Mutter. Während der ersten Lebenswochen nehmen sie überwiegend proteinreiche tierische Nahrung auf: Dazu gehören Insekten, Larven und Mollusken, wobei Ameisen und deren Eier besonders geschätzt werden. Diese wurden auch früher den in Halbfreiheit aufgezogenen Zuchtfasanen zugefüttert.

DIE BEJAGUNG DES FASANS

Die Treibjagd

Fasanentreibjagden sind sehr beliebt und vielerorts nicht mehr wegzudenken. Sie folgen einem festen Schema, das fast zeremonielle Züge trägt und keinen Raum für Improvisationen läßt. Für das Gelingen der Jagd müssen die Revierverantwortlichen die Eigenheiten der örtlichen Population genau kennen und nach Möglichkeit einen Zeitpunkt wählen, der eine günstige Witterung erwarten läßt. Die Schützen beziehen – meist verblendete – Stände in der Ebene oder stehen in der Deckung eines Feldgehölzes. Jedem bejagten Revierabschnitt wird eine eigene Schützenlinie zugeteilt, und jeder Abschnitt wird von Treibern, meist mit Unterstützung durch Hunde, durchgetrieben. Auch wenn

Treiberlinie in Erwartung der hochgemachten Fasanen. Der Schuß auf die bei einer Treibjagd schnell und hoch streichenden Vögel ist sehr schwierig!

DIE STREIFE

Auf einer Streife durchkämmt eine Gruppe von Jägern ein bestimmtes Gebiet mit Hunden. Anzahl und Abstand der Schützen zueinander hängen von der Beschaffenheit des bejagten Gebietes ab. Diese recht effektive Jagdmethode als Mischform von Treib- als auch Suchjagd verlangt eine ausgezeichnete Disziplin und die strikte Beachtung des zulässigen Schußfeldes. Die Hunde dürfen nicht zu weiträumig suchen und müssen perfekten Gehorsam zeigen, insbesondere beim Apportieren von Wild.

diese Jagdmethode für den Jäger keine sehr hohe Herausforderung darstellt, erfordert sie doch einige Geschicklichkeit bei der Schußabgabe. Schließlich muß ein Fasan, der pfeilschnell und „turmhoch“ in ca. 30 m Höhe streicht, erst einmal getroffen werden. Diese Schwierigkeiten kennen vor allem Jäger, die vornehmlich die Suchjagd praktizieren und wenig Erfahrung mit Treibjagden haben. Für die Schußabgabe auf den hoch fliegenden Fasan sind recht stark gechokte Waffen (1/2 und 1/1) sowie Schrotgröße Nr. 5 (3,0 mm) geeignet. Wegen der hohen Fluggeschwindigkeit der Vögel muß das Ziel schnell erfaßt und recht weit vorgehalten werden. Es empfiehlt sich, getroffene Vögel, ihren jeweiligen Landepunkt und die weitere Fluchtrichtung geflügelter Tiere genau zu registrieren, um die Nachsuche am Ende entsprechend lenken zu können.

Die Jagd mit dem Vorstehhund

Vor allem in den Ländern, in denen Fasane vorwiegend gezüchtet werden, werden diese Vögel als eine Art Trainingsobjekt betrachtet. Dabei sind sie ein reizvolles Jagdwild und in dieser Hinsicht durchaus mit Rebhühnern zu vergleichen. Fasane sind scheu und ausgezeichnete Läufer, die beim geringsten Anzeichen von Gefahr am Boden laufend beeindruckende Geschwindigkeiten erreichen.

Erfahrene Hunde

Die Hunde, die für die Jagd auf Fasane eingesetzt werden, müssen einen ausgeprägten Appell besitzen. Spursichere Hunde wie der Deutsch-Kurzhaar eignen sich sehr gut zur Arbeit auf dem Fasanengeläuf. Federwildspezialisten, wie man sie häufig unter Pointern findet, gelingt es dagegen eher, häufig mit Unterstützung eines Sekundanten, das Wild festzumachen. Erfahrene Hunde arbeiten in unterholzreichen Abschnitten besonders intensiv, wo sie auf kurze Distanz vorstehen und ihrem Herrn eine Annäherung auf Schußweite ermöglichen können.

Am frühen Morgen lohnt sich die Suche nach Fasanen auf den Äsungsplätzen wie Feldern, Wiesen, Rändern von Feldgehölzen und Seen; im weiteren Tagesverlauf ist es sinnvoller, deckungsreiche Bereiche durchzuarbeiten.

Die Schußabgabe

Die Schußabgabe auf einen Fasan in freiem Gelände bereitet keine größeren Schwierigkeiten, sofern nicht überhastet geschossen wird. Das ist im Wald oder Buschwald anders, da dort die Hähne sehr schnell in das Kronendach aufsteigen und die Hennen gern sehr flach streichen. Hier wird also wie bei der Jagd auf Schnepfen eher instinktiv geschossen. Bei Schußentfernungen zwischen 10 und 30 Metern sind mäßig eng gebohrte Flinten und Schrote der Nr. 5 und 7 (3,0 und 2,5 mm) sinnvoll.

JAGDGEBIETE

Polen

In der riesigen polnischen Tiefebene, wo sich Felder, Brachen und Wälder abwechseln, werden gigantische Treibjagden auf Fasane organisiert. Eine ganze Treiberarmee treibt das Wild auf eine sehr lange Schützenlinie zu, Federwild und Hasen werden gleichzeitig bejagt. Nicht selten werden auf diese Weise mehrere hundert Tiere geschossen. Allerdings werden einige dieser Reviere nur einoder zweimal jährlich bejagt. In anderen osteuropäischen Ländern wie Bulgarien oder Ungarn wird die gleiche Jagdmethode praktiziert, wobei der Einsatz von Vorstehhunden unter bestimmten Bedingungen nicht unüblich ist.

Die Britischen Inseln

In England, Schottland und Irland gibt es viele Fasane, sie gehören zu den meistgejagten Wildarten in diesen Ländern. Die Jagd auf diese Vögel ist jedoch ziemlich reglementiert: Viele Reviere werden nur per Treibjagd bejagt. In Irland, wo Fasane als „königliches Wild“ gelten, werden sie im Wald und auf der Heide mit Stöberhunden, manchmal aber auch bei kleineren Treiben mit Vorstehhunden in Gruppen von drei bis fünf Jägern bejagt. Zumeist darf nur auf Hähne geschossen werden, da das Ziel der Fasanenhege wegen der polygamen Lebensweise der Art ein Geschlechterverhältnis von drei Hennen auf einen Hahn ist.

Der Épagneul Breton hat den Hahn sauber gebracht.

Schneehuhn

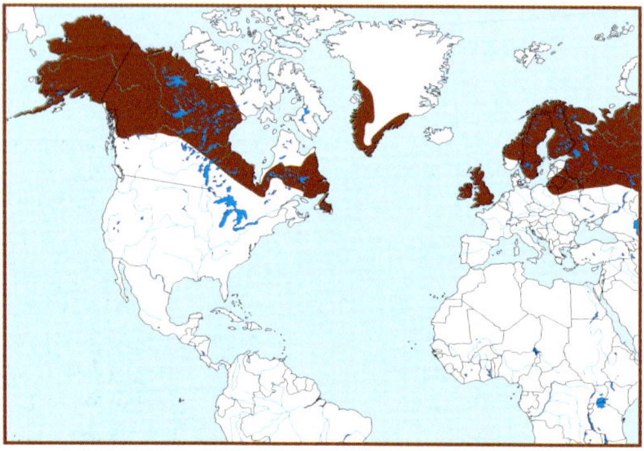

MOORSCHNEE-HUHN
LAT. BEZEICHNUNG:
Lagopus lagopus

ALPENSCHNEE-HUHN
LAT. BEZEICHNUNG:
Lagopus mutus

SCHOTT. MOOR-SCHNEEHUHN
LAT. BEZEICHNUNG:
Lag. lagopus scoticus

Schneehühner sind recht kleine Rauhfußhühner und besiedeln in mehreren Unterarten weite Gebiete der nördlichen Hemisphäre.

Die Jagd auf Schneehühner kann verblüffend einfach, aber auch extrem schwierig sein. Mit ihrer rundlichen Gestalt, ihrem Laufvermögen, ihrer Fähigkeit, jäh und plötzlich aufzufliegen und nicht zuletzt ihrem geschickten Gleitflug erinnern Schneehühner sowohl im Aussehen als auch Verhalten an Rebhühner. Diese anspruchslosen Vertreter der Rauhfußhühner besiedeln die eher kargen Landschaften der Nordhalbkugel und begnügen sich mit Knospen, Gräsern und Beeren als Nahrung. In einzelnen Rückzugsräumen der Alpen und Pyrenäen leben einige Restpopulationen, in der Arktis wurden sie ausgewildert. Schneehühner wechseln mehrmals jährlich ihr einfarbiges Federkleid: Im Sommer ist es grau-braun, im Winter weiß und in der Übergangszeit weiß-grau gefärbt. Lediglich das Schottische Moorschneehuhn ist das ganze Jahr über recht dunkel.

Es gibt mehrere Schneehuhnarten, die im allgemeinen im Hochgebirge zu finden sind.

DAS MOORSCHNEEHUHN

Das Moorschneehuhn ist von Sibirien bis nach Skandinavien sowie in Nordamerika verbreitet, in Deutschland kommt es nicht vor. Es ist ein

Das Moorschneehuhn.

Vogel der Tundra und Nadelwälder und lebt fast das ganze Jahr über in Gemeinschaften. In der kalten, nahrungsarmen Jahreszeit finden sie sich in Ansammlungen von Hunderten, ja Tausenden Vögeln zusammen. Der Lebensraum des Moorschneehuhns überschneidet sich mit dem des Alpenschneehuhns, das gilt insbesondere in Skandinavien.

DAS ALPENSCHNEEHUHN

Das Alpenschneehuhn ist mit Ausnahme eines geringeren durchschnittlichen Gewichts in allen genannten Punkten dem Moorschneehuhn ähnlich. Es hat sich schwierigsten klimatischen Bedingungen angepaßt: Sein winterliches Tarnkleid ist perfekt gefärbt, und es verträgt niedrigste Temperaturen bei kärgsten Lebensbedingungen. Alpenschneehühner kommen in Island, im skandinavischen Bergland und in Westeuropa vor – in den deutschen, französischen, italienischen und Schweizer Alpen, in den Pyrenäen und im Piemont.

Das Alpenschneehuhn.

DAS SCHOTTISCHE MOORSCHNEEHUHN

Das Schottische Moorschneehuhn, auch Grouse genannt, ist eine Unterart des Moorschneehuhns und ähnelt diesem sehr. Sein Vorkommen ist auf Schottland, Nordirland und einige kleinere Inseln des Nordens beschränkt. Dieser Vogel besiedelt Heidelandschaften und steinige Hügel mit bodennaher Vegetation, wo er sich von Beeren ernährt. Im äußersten Norden Schottlands leben die Grouse mit ihrer nahen Verwandtschaft – den Alpenschneehühnern – zusammen.

DIE BEJAGUNG DER SCHNEEHÜHNER

In manchen Gebieten der nördlichen Hemisphäre sind Schneehühner so zahlreich, daß die Jagd auf sie sehr einfach ist.

Das Gelände wird vergleichsweise ruhig getrieben: Die Ketten der sehr geselligen Schneehühner von bis zu einem Dutzend, manchmal auch mehr Vögeln lösen sich bei Gefahr auf, und die Jäger versuchen nun –

Das Schottische Moorschneehuhn, auch Grouse genannt.

etwa so, wie bei der Rebhuhnjagd – einzelne Hühner hochzumachen.

Nur das Alpenschneehuhn kommt in Deutschland vor. Es unterliegt dem Jagdrecht und genießt ganzjährige Schonung.

Die Jagd mit dem Vorstehhund

Die Jagd mit dem Vorstehhund, die im wesentlichen in Westeuropa – auf den Britischen Inseln und in den Alpen – praktiziert wird, ist die angemessene Jagdmethode für das Schottische Moorschneehuhn und seine alpine Verwandtschaft. Der Zugang zu den wilden, manchmal in schwer zugänglichen Regionen lebenden Schneehühnern – die entsprechenden schroffen Abhänge liegen bisweilen in mehr als 3000 m Höhe – ist oft recht schwierig. Bei dieser Jagdmethode können leistungsstarke Hunde (meist Pointer und Setter) zeigen, was sie gelernt haben, müssen aber auch sehr ausdauernd sein. Bei Fußwegen von häufig sieben oder acht Stunden unter schwierigen Bedingungen wird allerdings auch dem Jäger nichts geschenkt.

In den steilen Bergen der Alpen oder auch Pyrenäen ist die Suchjagd auf das Schneehuhn zweifelsohne schwieriger als auf das Birkhuhn (Tetrao tetrix) und den Auerhahn (Tetrao urogallus) und mindestens ebenso anstrengend wie auf das Steinhuhn (Alectoris graeca).

JAGDGEBIETE

Nordamerika

Nordamerika, insbesondere das südliche Drittel Alaskas, ist märchenhaft dicht mit Schneehühnern besetzt. Sie werden in der Regel gleichzeitig mit den Haselhühnern

TREIBJAGDEN AUF GROUSE

Treibjagden auf Grouse – das Schottische Moorschneehuhn – gehören mittlerweile zu den Klassikern und werden in vielen schottischen Revieren veranstaltet, deren Größe 10 000 und mehr Hektar erreicht. Es handelt sich hierbei um exklusive Veranstaltungen, zu denen ein wohlhabendes, handverlesenes Publikum erscheint, das durch ein elegantes Outfit auffällt. Die Treiberlinie bewegt sich auf die Schützenlinie zu (die Schützen stehen dabei in kleinen Steintürmchen, den „butts") und treibt dabei Hunderte von Vögeln vor sich her. Der Schütze beobachtet von seinem komfortablen Stand aus den Horizont. Er führt häufig zwei Waffen, in der Regel Schwesternflinten, mit sich. Unterstützt wird er von einem sogenannten Flintenspanner, dessen Aufgabe es ist, die Waffen nachzuladen sowie die geschossenen Vögel zu zählen und auszumachen. Diese Jagdmethode degradiert das reizvolle Jagdwild Grouse zu einer Zielscheibe, an der sich die Jäger gegenseitig ihre Schießfertigkeit beweisen.

bejagt. Gesucht wird in lichten Wäldern, an Waldrändern oder auf Lichtungen.

Skandinavien

Auch viele Reviere Skandinaviens weisen hohe Moor- und Alpenschneehuhndichten auf. Diese werden entweder in der Tundra, in lichten, niedrigen Nadelholzwäldern, oder auch, zum Beispiel in Schweden, im Gebirge gejagt. Je nach Jahreszeit bewegt man sich dabei zu Fuß (im August und September) oder sogar auf Schneeschuhen und Skiern vorwärts.

Frankreich und Italien

In Frankreich und Italien ist die Besatzdichte nur sehr durchschnittlich. Die Vögel werden ausschließlich mit dem Vorstehhund bejagt. Im Gegensatz zu Ländern mit hohen Besatzdichten ist die Schneehuhnjagd hier aufgrund der Schwierigkeit des Terrains und der Vögel eine Herausforderung.

Schneehuhn und Schneehase, erlegt auf einer Suchjagd in Nordamerika.

Waldschnepfe

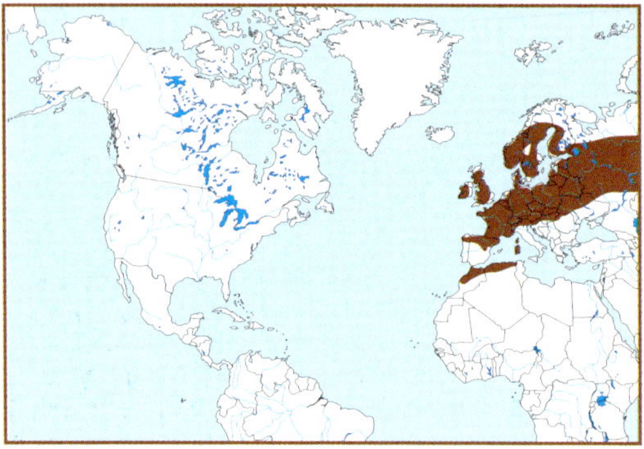

LAT. BEZEICHNUNG:
Scolopax rusticola

Mit ihrem langen Stecher, ihrem Sehfeld von 180 Grad und ihren überdimensionierten Schwingen ist die Waldschnepfe ein besonderes Federvieh. Sie ist ein Zugvogel, wobei Anfang, Ziel und Stationen der Zugwege immer noch unbekannt sind.

Die Schnepfe, die „Waldschönheit mit dem langen Gesicht", fasziniert die Jäger in vielen Ländern.

Während des Zugs nutzt die Schnepfe unterschiedliche Rastplätze.

EINE „WELTEN-BUMMLERIN“

Das Verbreitungsgebiet der europäischen Schnepfe ist sehr groß. Es erstreckt sich von Skandinavien bis in die äußerste Mongolei über Sibirien und alle Anrainerländer des Kaspischen, Schwarzen und Mittelmeers und der Adria.

Ihr Zug führt sie bis nach Nordafrika, in die Türkei oder den Iran. Sie ist in allen westeuropäischen Ländern, von den Britischen Inseln bis nach Spanien und Italien, saisonal oder das ganze Jahr über vertreten.

BESCHREIBUNG

Die durchschnittlich 300-350 g wiegende Schnepfe besitzt eine rundliche Gestalt und ist durch ihr herbstlaubfarbenes Gefieder ausgezeichnet getarnt. Als Watvogel hat sie kräftige Ständer und ebenfalls kräftige, lange Schwingen, die ihr ein sehr schnelles Auffliegen ermöglichen. Mit ihren hoch angesetzten Augen hat sie eine gute Rundumsicht, was auch ihre Fähigkeit erklären mag, buchstäblich jedes beliebige Hindernis mit einer verblüffenden Geschwindigkeit zu umfliegen.

LEBENSRAUM

Die Waldschnepfe besiedelt nicht jeden Waldtyp: Gleichförmige Wälder und mono-

DIE (KLEINE) AMERIKANISCHE SCHWESTER

Scolopax minor, die der europäischen Waldschnepfe sehr ähnliche amerikanische Schwester, besiedelt große Teile der Vereinigten Staaten bis nach Louisiana sowie Kanadas – vor allem Quebec. Sie ist bei fast gleichem Körperbau um ungefähr ein Drittel kleiner als die Waldschnepfe und variiert in der Färbung ihres Federkleides (Rötlich-Orange herrscht vor).
Hinsichtlich ihres Verhaltens sind sich Scolopax minor und Scolopax rusticola sehr ähnlich, beide halten sich tagsüber im Wald auf. Sie haben die gleiche Vorliebe für schwere, feuchte Böden, fliegen mit vergleichbarer Geschicklichkeit durch das Unterholz (wobei die leichtergewichtige Erstgenannte noch wendiger ist) und tendieren beide zum „Nomadentum“.
Bezüglich der Bejagung mit dem Vorstehhund gibt es – mit Ausnahme der Auffassung, daß die Amerikanische Waldschnepfe angeblich besser aushält und daher vom Hund leichter angezeigt werden kann – hinsichtlich Suche und Schuß keine wirklichen Unterschiede.

Eine Waldschnepfe sticht auf einer Wiese nach Würmern.

tone, hohe Althölzer beherbergen nur wenige Schnepfen, die dann an den Rändern und auf Lichtungen leben. Im Gegensatz dazu sind abwechslungsreiche und junge Wälder für die Vögel um so attraktiver.

VERHALTEN

Mit Ausnahme der Balzzeit und der Zugzeiten leben Schnepfen im allgemeinen allein und verbringen die meiste Zeit des Tages im Wald und in Strauchwerk.

DIE EINSTÄNDE DER WALDSCHNEPFE

Aufenthaltsort am Tag

Außerhalb der Zugzeiten, während derer die Vögel an allen möglichen Stellen kurz gesehen werden können, hält sich die Waldschnepfe tagsüber oft in einem sehr begrenzten Raum auf. Dieser liegt, der Vorliebe von Schnepfen für Wälder mit frischem, feuchtem Boden entsprechend, in der Nähe einer Lichtung, eines Bachs oder eines Torfmoores. Die Standortfixierung der Schnepfe ist wirklich bemerkenswert: Oft beträgt ihr Bewegungsradius während des ganzen Tages maximal 100 m. Wird der Vogel von einem Jäger oder Pilzsammler gestört, verläßt er den Aufenthaltsort zwar, kehrt aber umgehend wieder zurück.

Aufenthaltsort in der Nacht

In der Abenddämmerung, wenn selbst keine Amsel mehr flötet, streicht die Waldschnepfe in ihr nächtliches Aufenthaltsgebiet, das sich im allgemeinen auf einer Weide, einer Feuchtwiese, in einem Gemüsegarten oder

Die Waldschnepfe leidet unter harten Winterbedingungen, insbesondere dann, wenn der Boden tief gefroren ist und die Nahrungssuche behindert.

DIE BERINGUNG DER WALDSCHNEPFE

In einigen Ländern, insbesondere in Frankreich, Irland und Großbritannien, werden Waldschnepfen beringt.

Ein wichtiges Hilfsmittel: der Kescher
Das Einfangen der Vögel geschieht nachts. Die Schnepfen werden unter Aufsicht von Vertretern der Jagd- und Naturschutzbehörde mit Hilfe leistungsstarker Scheinwerfer in Feuchtwiesen aufgespürt, wo sie gewöhnlich die Nacht verbringen. Sobald es gelingt, den Vogel durch Licht an den Boden zu binden, fängt ihn einer der Helfer mit einem geräumigen Kescher ein. Danach wird er gewogen und, indem die Flügeldecken untersucht werden, einer Altersbestimmung unterzogen. Schließlich wird an einem der Ständer ein Bestimmungsring angebracht.

Ein wichtiges Element des Populationsmanagements
Die Ringe tragen Nummern, die in einem Verzeichnis festgehalten werden. Dort findet man auch nähere Angaben über den betreffenden Vogel sowie über das Datum und den Ort der Beringung.
Auf diese Weise konnte festgestellt werden, daß viele in Irland geschossene Schnepfen dort auch überwintern, daß die britischen Schnepfen eigentlich aus Skandinavien stammen und daß ein Teil der Schnepfen in Frankreich, Italien oder auch Spanien russische Einwanderer sind. Die Beringung ist das sicherste Mittel, um exakten Aufschluß über die Entfernung zwischen den Nist- und Überwinterungsgebieten zu erhalten, selbst wenn die Routen, die auf den manchmal sehr langen Zugstrecken gewählt werden, noch recht unbekannt sind. Über die Ringfunde konnte ebenfalls bestätigt werden, daß Waldschnepfen immer in die gleichen Überwinterungsgebiete zurückkehren.

am Ufer eines Flusses oder Sees befindet. Dort sucht sie mit ihrem langen, beweglichen und mit Tastorganen an der Spitze ausgestatteten Stecher in den feuchten Böden nach Würmern, die 80 bis 90 Prozent ihrer Nahrung stellen. Man war lange Zeit der Auffassung, daß der Grund für den regelmäßigen Standortwechsel vom Wald auf Wiesen und Felder die nächtliche Nahrungsaufnahme wäre.
Heute geht man davon aus, daß sich die Waldschnepfe als ständig bodenlebender Vogel nachts in offener Landschaft sicherer fühlt, da sie dort eventuelle Räuber rechtzeitig wahrnehmen kann, weil diese dort besser als im Wald sichtbar sind. Kurz vor der Morgendämmerung verläßt sie dann den Platz ihrer nächtlichen Nahrungsaufnahme und Erholung, um sich ihren Tagesstandort zu suchen. Im Laufe des Tages wechseln sich dann Phasen der Erholung und des Wurmens ab, sofern die Schnepfe nicht dabei gestört wird.

DIE BEJAGUNG DER WALDSCHNEPFE

Die Jagd mit dem Vorstehhund

Kaum eine Wildart begeistert die Anhänger der Suchjagd mehr als die Schnepfe. Die Ruhe des Waldes, das bunte Herbstlaub, der Humusgeruch des Waldbodens und die Ästhetik eines die Waldschnepfe statuengleich vorstehenden Hundes sorgen für eine unvergleichliche Stimmung. Die wundervoll aufregende und wilde, zugleich aber auch anspruchsvolle und zufallsabhängige Schnepfenjagd verlangt absolute Aufmerksamkeit und die Bereitschaft zu außergewöhnlicher Anstrengung. Das gilt sowohl für den Jäger als auch für den vierbeinigen Helfer gleichermaßen. Für die Schnepfenjagd eignen sich alle Vorstehhunderassen, vom Épagneul bis zum Pointer, von den deutschen Vorstehhunden bis zum Setter. Allerdings müssen diese Hunde Erfahrung mit der Schnepfensuche im

Das Schnepfenküken wird von seiner Mutter aufmerksam bewacht.

Englischer Setter mit elektronischem Senderhalsband. Dadurch sind vorstehende Hunde leichter zu lokalisieren.

Wald haben und sollten deshalb so oft wie möglich Gelegenheit dazu bekommen. Da Schnepfen spontan und häufig ihre Aufenthaltsorte verlegen, benötigt der Jäger Hinweise auf die vermutlichen Plätze. Solche Hinweise bietet zum Beispiel die Wetterentwicklung. Kündigt sich etwa eine Kältewelle an, bleiben die Tiere lieber in der Deckung. Auch sollte sich der Jäger jede Stelle merken, an der eine Schnepfe aufgetan wurde, und dann ähnliche Orte absuchen.

Stöbern und Buschieren

In einigen Ländern, wie zum Beispiel in Irland oder Schottland, setzt man gerne Stöberhunde wie Spaniel, Cocker und Springer zur Jagd auf Schnepfen ein. Diese kleinen Hunde sind wahre Energiebündel und zeigen manchmal eine überraschende Ausdauer. Sie stehen nicht vor, sondern suchen und finden das Wild, um es selbst aufzustöbern. In unübersichtlichem Wald- oder Buschgelände, dem vorwiegenden Einsatzbereich dieser Hunderassen, sind fest vorstehende

Waldschnepfe

Der Springer wird von den irischen Schnepfenjägern sehr geschätzt.

Hunde, die vom Jäger gar nicht gesehen werden können, wenig sinnvoll. Die Stöberjagd ist in vielerlei Hinsicht interessant. Zunächst einmal werden die Schnepfen zum Auffliegen gezwungen und können sich nicht, wie vor dem Vorstehhund, am Boden entfernen. Das ist in dichtem, deckungsreichem Gelände von großem Vorteil. Die erfolgreiche Stöberjagd erfordert grundsätzlich eine entsprechend angepaßte Organisation. Wird sie auf Schnepfen wie eine Suchjagd ohne entsprechendes Anstellen der Schützen durchgeführt, kommt der Jäger in der Regel seltener zum Schuß als vor dem Vorstehhund. Dann ist sie allerdings zwangsläufig wesentlich besatzschonender, da zwar viele Vögel gesehen, aber nur wenige – und das unter akrobatischen Bedingungen – geschossen werden.

Als besonders „sportlich" wird die Schnepfenjagd mit zwei oder drei Springerspaniels entlang von Torfwaldrändern angesehen. Dabei rasen die Hunde hinter dem Wild her, und der Jäger muß sich mächtig anstrengen, um keine günstige Gelegenheit zur Schußabgabe zu verpassen.

Der Schnepfenstrich

In vielen osteuropäischen Ländern und in Skandinavien wird die in Westeuropa mittlerweile verbotene und kontrovers diskutierte Jagd auf dem Schnepfenstrich praktiziert. Hierbei ist zu berücksichtigen, daß die meisten in unseren Breiten auf der Suchjagd erlegten Schnepfen in diesen Ländern erbrütet werden und die Jagdsaison dort naturgemäß kürzer ist. Der Schnepfenstrich, die Zeit der Paarbildung, dauert je nach Witterung nur einige wenige Wochen.

In der Morgen- und Abenddämmerung streichen die Männchen über Wälder, Lichtungen, Flußufer und Heidelandschaften und werben puitzend und quorrend um

Ein Épagneul Breton bewacht „seine" Beute.

Vorbildlich vorstehender Englischer Setter.

die Weibchen. Der Jäger bezieht früh und abends einen Stand am Waldrand oder auf einer bewaldeten Anhöhe.
Ist der Stand richtig gewählt, versprechen meist die erste Stunde vor Sonnenaufgang und die letzte Dreiviertelstunde vor Einbruch der Nacht Erfolg auf einen gelungenen Schuß.

JAGDGEBIETE

Irland

Die Grüne Insel ist das gelobte Land der Jäger und Angler und aufgrund ihrer Biotope und ihres feuchten, gemäßigten Klimas ein richtiges Schnepfenparadies. In den meisten Revieren stehen die Jagderfolgschancen vom 15. Dezember bis Ende Januar am besten. Die Beschaffenheit der Reviere ist sehr unterschiedlich: Sie reicht von Knicklandschaften und kleinen Laubwäldchen in der Nähe von Flüssen, Heiden und Mooren bis zu Nadelholzschonungen und kahlen Hügeln mit sturmerprobten Bäumen und stacheligen Büschen. Vor allem die Grafschaft Kerry im Südwesten des Landes ist in dieser

Der Épagneul Breton gilt als älteste Schnepfenhunderasse.

Ein irischer Jagdführer mit seinem kurzhaarigen Vorstehhund und einem erfolgreichen Jagdgast.

Hinsicht zu empfehlen. Dort gibt es so viele interessante und sehr abwechslungsreiche Reviere, daß man jeden Tag in einer anderen Umgebung jagen kann.
Außerdem sind die Iren sehr gastfreundlich und Fremden gegenüber sehr offen.

Frankreich

In Frankreich treffen die ersten Schnepfen in der zweiten Oktoberhälfte ein. Die besten Monate für Schnepfen sind jedoch November und Dezember. Schnepfen gibt es in allen französischen Departements, jedoch in ungleichmäßiger Verteilung.
Die Unterschiede in der Besatzdichte werden durch Wanderbewegungen noch zusätzlich verstärkt, wodurch auch durchschnittliche Schnepfenreviere je nach Jahr sehr unterschiedliche Streckenergebnisse erwarten lassen. Die wirklich erfolgversprechenden Reviere liegen dort, wo das Klima am ausgeglichensten ist – am Ärmelkanal, am Atlantischen Ozean und am Mittelmeer.
Im Norden und äußersten Westen sind das die Bretagne und die Picardie, im Südwesten die Departements Landes und Gironde und im Südosten Var und Hérault. Seit einigen Jahren werden Tendenzen zur dauerhaften Schnepfenansiedlung in Frankreich beobachtet, was vielleicht der langsamen Zunahme der Waldbestände – immerhin mehr als 30 Prozent im 20. Jahrhundert – zu verdanken ist.
In den großen Wäldern der Pyrenäen, der Auvergne, der Savoyen, des Jura und der Vogesen trifft man schon ab

Der Deutsch-Kurzhaar arbeitet ausgezeichnet an Schnepfen.

September auf Schnepfen, wenn es auch nur wenige sind. Die Birkhuhnjäger stoßen oft Anfang Oktober in mehr als 2000 m Höhe auf Schnepfen.

Die Krim

Die ganz im Süden der Ukraine liegende Halbinsel Krim, die sich in das Schwarze Meer erstreckt, wird aufgrund ihres Mittelmeerklimas von den Vögeln auf ihrem Zug von Sibirien und Rußland in den Süden regelmäßig zur Rast genutzt. Ein Teil der Vögel macht dort von Anfang Oktober an in 800-1200 m in mittelmäßig bewaldeten, leicht zugänglichen Revieren Station. Später zwingt die Kälte die Vögel hinunter auf 300-400 m an die Küsten des Schwarzen oder Asowschen Meeres, auf steile Abhänge, die mit eichen- und pinienreichen Mischwäldern bestockt sind. Ein Teil der Vögel überwintert in diesen nicht sehr hoch gelegenen Landstrichen, andere setzen ihren Zug an die bulgarische, georgische und türkische Küste fort.

Der Schnepfenbesatz ist auf der Krim von Oktober bis Ende November einfach hervorragend, so daß nach einer Jagd mit zwei der drei Vorstehhunden Strecken von 20 oder 30 Schnepfen keine Seltenheit sind.

Quebec

Mit seinen endlosen Wäldern ist Quebec ein erstklassiges Ziel für alle, die die amerikanische Schnepfe bejagen wollen. Die laubholzreichen Schnepfenreviere mit manchmal außerordentlichen Besatzdichten befinden sich im übrigen oft in unmittelbarer Nachbarschaft zu guten Haselhuhnvorkommen.

Im September besteht der jagbare Besatz im wesentlichen aus wenigen Lagerschnepfen, die man nur mit ausgezeichneten Ortskenntnissen findet. Bestimmte Gebiete in Quebec sind sehr gut mit Schnepfen besetzt, andere wiederum sind wahre „Schnepfenwüsten".

Kaum eine Jagdart ist so stimmungsvoll wie die Suchjagd auf Schnepfen im bunten Herbstwald.

Den ganzen Oktober lang fallen jedoch in großen Scharen ziehende Schnepfen überall in den Wäldern entlang des Sankt-Lorenz-Stroms ein. Dann sind Strecken von 15-20 Vögeln und mehr mit dem Vorstehhund durchaus im Bereich des Möglichen.

Eines sollte man sich auf jeden Fall bewußt machen: Die Brutgebiete der Zugschnepfen liegen in anderen Regionen. Saisonale Spitzenvorkommen zur Zugzeit dürfen daher nicht gedankenlos überbejagt werden.

Birkwild

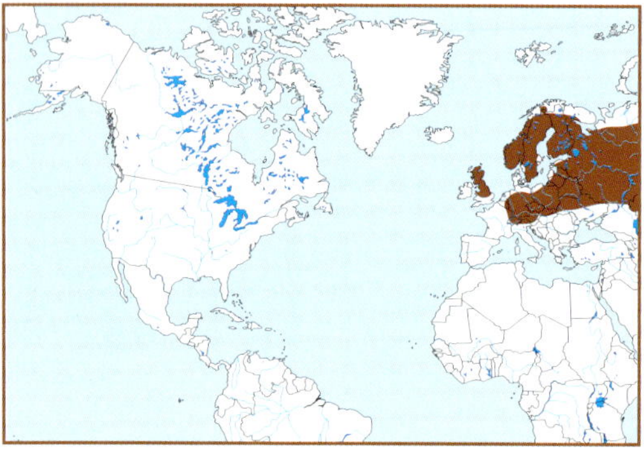

LAT. BEZEICHNUNG:
Tetrao tetrix

Der Birkhahn ist für seine aufsehenerregende Balz berühmt und gilt als Wahrzeichen geschützter, unberührter Biotope.
Er fasziniert die meisten Jäger, denn die Suche nach dem „Spielhahn" hat ihren ganz eigenen Reiz.

BESCHREIBUNG

Dieser Gebirgsvogel von der Größe eines kräftigen Haushuhns zeigt einen ausgeprägten Geschlechtsdimorphismus, der sich in unauffälligen Tarnfarben bei der Henne und einem glänzend blauschwarzen Federkleid beim Hahn ausdrückt. Dieser ist außerdem an seinen Rosen und seinem leierförmigen Stoß zu erkennen.

Werbung und Drohung zugleich: balzender Birkhahn

Das Torfmoor – ein ideales Birkwild-Habitat.

LEBENSRAUM

Innerhalb des gesamten Verbreitungsgebietes von Birkwild schwanken die Besatzdichten beträchtlich. Sein Vorkommen erstreckt sich – allerdings mit großflächigen Lücken – von den Alpen über Nordostdeutschland und die schottischen Heiden bis in weite Teile Skandinaviens; in Ost- und Nordosteuropa ist es auf großer Fläche ebenfalls vertreten und kommt sogar in der kasachischen Steppe vor. Betrachtet man die Landschaftstypen, die Birkwild besiedelt, wird deutlich, daß dieser Vogel vor allem Raum, ein spezielles Nahrungsangebot und insbesondere viel Ruhe benötigt.

Dies gilt auch in Frankreich, wo das Birkwild zu den Rauhfußhühnern des Gebirges zählt: Höhere Birkwilddichten beschränken sich hier auf Regionen oberhalb von 1600 bis 1800 Meter, die zudem recht unzugänglich und damit weitgehend störungsfrei sind.

Grundsätzlich liebt das Birkwild offenes Gelände, das im Wechsel Deckung und Freifläche bietet. In Gebieten mit starkem Jagddruck oder hoher Störungshäufigkeit (wie zum Beispiel in beliebten Wander- oder Skigebieten) wandert das Birkwild ab und weicht auf Steilhänge in dichter bewaldeten Gebieten aus. Bei geringer Störungsdisposition ist es aber in der offenen Landschaft anzutreffen, zum Beispiel oberhalb der Baumgrenze oder in Knick- oder hügeligen Heidelandschaften, wo es ein optimales Äsungsangebot findet.

Kampf der „Ritter“ zur Balzzeit.

NAHRUNG

Birkwild ernährt sich hauptsächlich von Knospen, Samen, Beeren und Blättern. Im Winter gräbt sich der Vogel oft in den Schnee ein, um sich vor der Kälte zu schützen. Seinen Kalorienbedarf deckt er in dieser Jahreszeit durch die Aufnahme von Flechten und Moosen, Koniferennadeln, Rinde und getrockneten Früchten, die durch die Kälte konserviert wurden.

Erfolg nach stundenlangen Fußmärschen in den französischen Alpen: ein prächtiger Birkhahn. Die Anstrengung hat sich gelohnt.

DIE BEJAGUNG DES BIRKWILDES

Die Jagd mit dem Vorstehhund

In Westeuropa ist die Suchjagd die bevorzugte Jagdmethode für Birkwild. Pointer und der Englische Setter, seltener der Irische oder der Gordon Setter werden aufgrund ihres weiträumigen Suchens und ihrer guten Nase bevorzugt eingesetzt. Aber auch verschiedene kontinentale Rassen, wie zum Beispiel der Épagneul Breton, der Deutsch-Kurzhaar oder der Deutsch-Drahthaar sind für die Suche und das Apportieren hervorragend geeignet.

Eine lange, sorgfältige Suche

Zwei bis drei Jäger (bei mehr Personen ist der Übergang zur Treibjagd fließend) suchen morgens in Begleitung ihres Vorstehhundes nach Süden oder Südwesten gerichtete Äsungsplätze an der oberen Baumgrenze ab. Im allgemeinen sind die Vögel ausgesprochen wachsam und daher in diesen offenen Bereichen nur schwer zu überraschen. Um die Mittagszeit, insbesondere bei großer Hitze, zieht sich das Birkwild in die Nähe der Gebirgskämme oder in die oberen Lagen von Nordhängen zurück und sitzt dann meist deutlich fester. Im übrigen Tagesverlauf versprechen steile Abhänge in der Nähe stark zerklüfteter Bergabschnitte Jagderfolg. Acht bis zehn Stunden Fußmarsch im Bergland sind keine Seltenheit, um erfolgreich zum Schuß zu kommen.

Der Schuß

Da die Vögel zunächst bevorzugt am Boden flüchten, werden Birkhähne nur selten aus geringer Entfernung geschossen. Der Jäger bleibt also möglichst auf Höhe des Hundes, im (seltenen) Idealfall flankiert er seitlich vor dem Hund. Eine leichte, handliche Doppel- oder Bockflinte mit Halb- oder Dreiviertelchoke ist für den dann schnell und instinktiv abgegebenen Schuß günstig. Halb- und Vollchoke empfehlen sich für Schüsse auf größere Distanz.
Da der Vogel recht hart ist, sind je nach zu erwartender Schußdistanz Patronen der Nr. 3 (3,5 mm), 5 (3,0 mm), seltener auch 7 (2,5 mm) geeignet. Auf größere Entfernungen leisten Patronen mit Schrotbeutel gute Dienste.

Die Pirschjagd

Die in Skandinavien und mehreren osteuropäischen Ländern, aber auch in Mitteleuropa durchgeführte Pirschjagd auf Birkwild erfordert Sportsgeist, vor allem, wenn die Pirsch im Schnee nur auf

Skiern oder Schneeschuhen und kaum unauffällig möglich ist. Hierbei ist eine kleinkalibrige Kugelwaffe – sofern erlaubt – häufig sinnvoller als die Flinte. Beim Zielen wird das Gewehr möglichst auf Zielhilfen wie Rucksack, Pirschstock oder ähnliches aufgelegt. Sitzt der Vogel breit, ist zwischen Ellenbogen und dem weißen Flügelspiegel anzuhalten. Spitz von vorn sollte man mitten auf der Brust anhalten. Geeignet sind leichte, kleinkalibrige Repetierer (z. B. .22 Magnum oder .22 Hornet) mit Zielfernrohr oder aber kombinierte Waffen.

JAGDGEBIETE

Birkwild gibt es in allen Alpenländern (Österreich, Deutschland, Italien, Frankreich usw.), wobei die Besatzdichten sehr unterschiedlich sind. Im allgemeinen leben die Vögel dort in meist rauhen und schwer begehbaren Höhenlagen um die 1400 Meter.

In Skandinavien und Schottland gibt es sehr gute Birkwildpopulationen, zum Teil in Nachbarschaft zu Auerhahn (Tetrao urogallus) und Alpenschneehuhn (Lagopus mutus). Zahlreiche osteuropäische Länder wie Rußland, Bulgarien oder auch Ungarn sind regelrechte Birkhuhnparadiese. Die weltweit größte Birkhuhndichte weisen jedoch die Ebenen Kasachstans auf.

Der Birkhahn ist immer wieder eine begehrte Trophäe.

Kanadisches Grouse

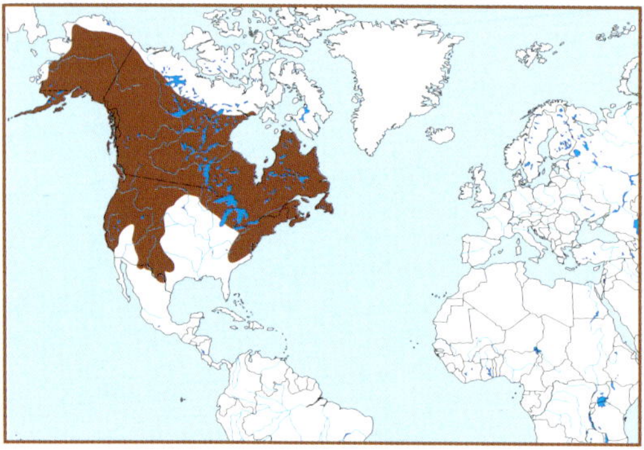

LAT. BEZEICHNUNG:
Dendragapus canad.

Unter den Rauh- und Glattfußhühnern Kanadas finden sich die Gattungen Phasianus, Lagopus, Tympanuchus, Dendragapus und Bonasa. Sie alle ähneln sich in Verhalten und Ernährungsgewohnheiten. Das flächig verbreitete Kanadische Grouse ist ein Vogel der Ebene und der Knicklandschaft.

BESCHREIBUNG

Das Kanadische Grouse (Dendragapus canadensis) ähnelt in allen Punkten einem Schneehuhn und besiedelt fast ganz Kanada und einen Teil Alaskas.

VERHALTEN

Nicht selten fliegt dieser Hühnervogel direkt vor den Füßen des Jägers auf und läßt sich in nur einigen Schritten Entfernung auf einem kleinen Baum nieder. Dieses Verhal-

Das Kanadische Grouse ist etwas größer als ein Schneehuhn und läßt sich gern auf Nadelbäumen nieder.

Balzender Hahn des Kanadischen Grouse mit Kehlsack und charakteristischen Augenrosen.

ten hat ihm seinen Spitznamen „fool hen", auf deutsch „dummes Huhn", eingebracht. Es soll auch schon vorgekommen sein, daß es von Fliegenfischern beim Auswerfen der Angelschnur gefangen wurde.

Mit anderen Worten, die Jagd auf diesen Vogel ist nicht besonders spannend und ereignisreich, sondern eher dazu geeignet, etwas Abwechslung auf den Speisezettel eines Jagdcamps zu bringen.

DIE BEJAGUNG DES KANADISCHEN GROUSE

Wie Reb- und Schneehuhn patrouilliert das Kanadische Grouse regelmäßig durch sein Revier. Die Jagd mit einem Vorstehhund ist aus diesem Grund sehr erfolgversprechend.

Obwohl sich für die Jagd auf Kanadische Grouse alle Hunderassen eignen, sind Vierbeiner mit ausgeprägtem Spurwillen von großem Vorteil. Kanadische Grouse verhalten sich manchmal unberechenbar: Mal sitzen sie „vorstehgeeignet" fest, schon einen Tag später laufen sie davon, so daß es selbst mit einem guten Hund nahezu unmöglich ist, sich ihnen auf Schußentfernung zu nähern. Dieses recht wechselhafte Verhalten zeigen sie vor allem in den vielbejagten Revieren.

Haselhuhn

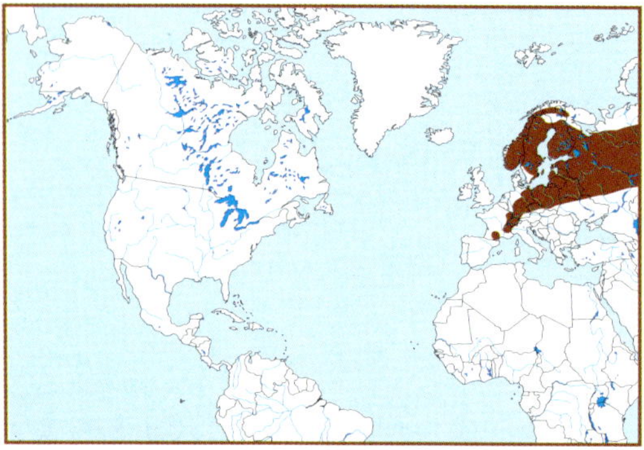

LAT. BEZEICHNUNG:
Bonasia bonasia

Das Haselhuhn ist das kleinste unter den Rauhfußhühnern. Es verhält sich außerordentlich unauffällig und bewegt sich mit verblüffender Geschicklichkeit zwischen Baumstämmen und Büschen vorwärts. Seine Bejagung fordert alle Sinne des Jägers in gleichem Maße heraus.

BESCHREIBUNG

Man erkennt das rebhuhngroße Haselhuhn an seinem rot-grauen, schwarzweiß getupften Federkleid. Die Hähne sind bunter und kräftiger gefärbt und haben eine schwarze, weißgesäumte Kehle.

LEBENSRAUM

In Europa sind viele Wälder von Haselhühnern besiedelt; es gibt jedoch auch große Bestandslücken. Der Osten und Südosten Frankreichs bildet die westliche Begrenzung

Das Haselhuhn ist ein Waldvogel, der bei Gefahr meist wegläuft und nur selten aufsteht.

des Verbreitungsgebietes. Ansonsten findet man Haselhühner von Skandinavien bis Sibirien. In Deutschland ist die Art in manchen Regionen, etwa im Schwarzwald, zwar vertreten, aber in ihrem Bestand bedroht. Haselhühner leben fast ausschließlich im Wald, und zwar in einer Höhe von 100 bis 2000 Meter. Ihr idealer Lebensraum ist der unterholz- und buschreiche Mischwald.

DAS AMERIKANISCHE HASELHUHN

In ganz Kanada, im Norden der Vereinigten Staaten und in einem Teil Alaskas kommt eine weitere Haselhuhnart (Bonasia umbellus) vor, die deutlich größer ist als die europäische. Beide zeigen ein identisches Verhalten und leben im Wald, vorzugsweise im Mischwald. Die Besatzdichten können außerordentlich hoch sein und ein Paar pro Hektar erreichen.

NAHRUNG

Die Nahrung des Haselwildes besteht aus Blättern, Knospen, Beeren und Samen, in den warmen Jahreszeiten auch aus Insekten und Würmern. Im Winter fressen Haselhühner zusätzlich zu dieser von der Kälte konservierten Nahrung kleine Zweige und Rinde.

DIE BEJAGUNG DES HASELHUHNS

Eher zufällige Begegnung als Suche

Haselhühner legen oft ein seltsames Verhalten an den Tag. Sie leben zwar die meiste Zeit gut versteckt und flüchten, manchmal aber scheinen sie den Jäger regelrecht zu provozieren. Aus diesem Grund ist die Begegnung mit Haselwild für viele nur ein Zufall, und es hat sich keine eigene Jagdmethode für diese Hühnervögel entwickelt. In einigen Ländern mit großem Haselhuhnvorkommen (Rußland, Kanada, südliches Alaska) kann man auch auf Haselhühner ansitzen, insbesondere morgens und abends in der Nähe der Tränken.

Die Jagd mit dem Vorstehhund

Wegen des unvorhersehbaren Verhaltens der Art ist die Suchjagd mit dem Vorstehhund in diesem Fall die sportlichste Jagdmethode.
In der Tat haben die Hunde tüchtig zu tun, um diesen kapriziösen Vogel festzumachen, der mal davonläuft und mal aufbaumt. Hier braucht auch der Hund eine Menge Erfahrung.
Der Jäger wiederum muß sehr aufmerksam sein und schnell schießen können, da Haselwild selten lange aushält.

JAGDGEBIETE

In Deutschland ist das Haselwild ganzjährig geschont. In Westeuropa kann man Haselhühner in französischen und auch italienischen Revieren jagen.
Allerdings sind die interessanten Abschnitte ungleichmäßig verteilt und manchmal auch recht klein. Dagegen sind im Osten, insbesondere in der russischen Taiga, wo Millionen dieser Vögel leben, die Jagdmöglichkeiten in den meisten Wäldern außerordentlich gut. Hohe Besatzdichten findet man ebenfalls im südlichen Alaska und in Kanada, vor allem in Quebec und auf der Gaspé-Halbinsel. Hier sind dann Vernunft und Selbstbeschränkung des Jägers gefordert.

Das Wasserwild Europas

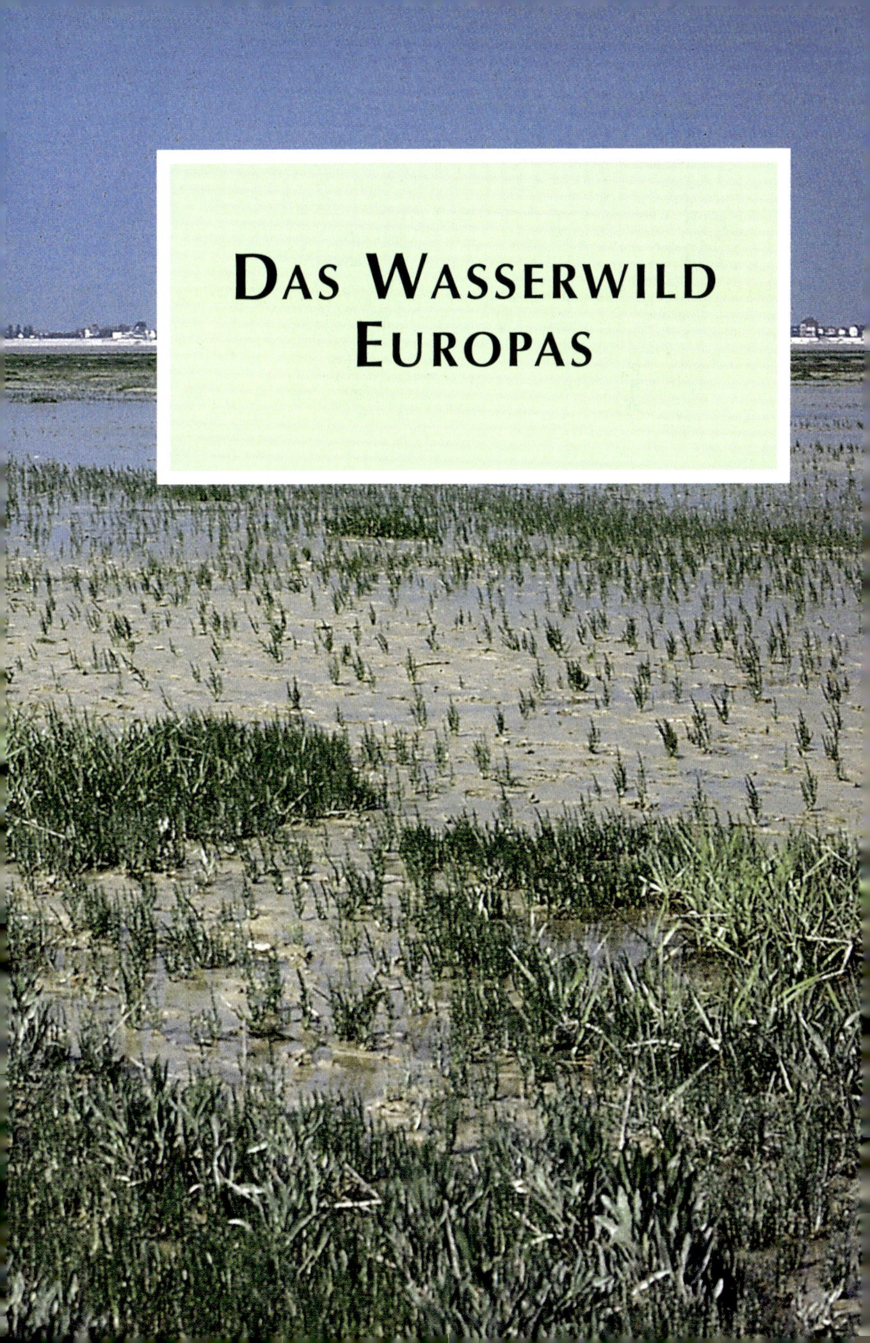

Enten und Gänse

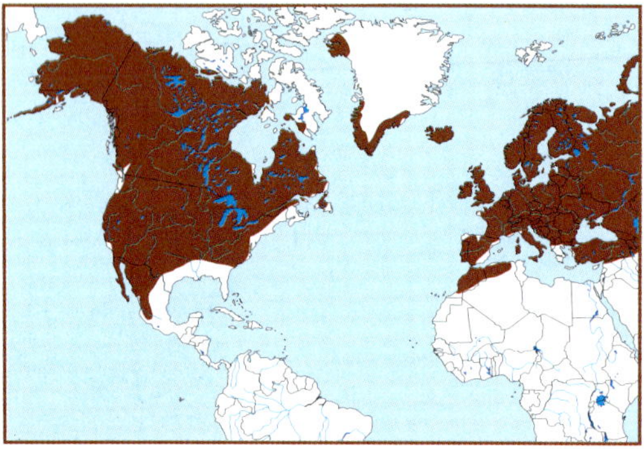

GRAUGANS
LAT. BEZEICHNUNG:
Anser sp.

MEERGANS
LAT. BEZEICHNUNG:
Branta sp.

SCHWIMMENTEN
LAT. BEZEICHNUNG:
Anas sp.

In Europa und Nordamerika leben Dutzende Enten- und Gänsearten, von denen manche, je nach Jahreszeit, auf beiden Kontinenten anzutreffen sind. Aufgrund dieser großen Artenvielfalt zählen Enten und Gänse für viele Jäger zum bevorzugten Wasserwild.

BESCHREIBUNG

Eine vollständige Beschreibung der zahlreichen Enten- und Gänsearten Europas und Amerikas würde den Rahmen sprengen. Es soll hier

Wasser ist das lebenswichtige Element der Enten und Gänse. Hier ruhen die Tiere sich aus und gehen auf Nahrungssuche.

Erpel der Tafelente.

daher um Merkmale gehen, die dem Großteil der verschiedenen Arten gemeinsam sind. Wenn diese Vögel streichen, fallen als erstes der lange Stingel, der relativ kurze Stoß, der geschickte Flug und ihre Schnelligkeit beim Aufstehen ins Auge.
Aus der Nähe betrachtet, erkennt man die eher runde Form des Körpers, die wachsamen Augen und den langen, flachen Schnabel unterschiedlicher Größe. Bei den Schwimmenten ist zudem zwischen Erpel und Ente ein ausgeprägter Geschlechtsdimorphismus zu beobachten. Die Erpel tragen über weite Strecken ein auffälliges Prachtkleid, während die Weibchen das ganze Jahr hindurch ein tarnfarbenes Schlichtkleid aufweisen. Erpel und auch Enten besitzen beide bunte und klar abgesetzte Spiegel. Letzterer ist eines der besten Unterscheidungsmerkmale zur genauen Bestimmung dieser Wasservögel.

DIE GROSSE FAMILIE DER ENTENVÖGEL

Enten und Gänse lassen sich nach der Art ihrer Nahrungsaufnahme und nach ihrem allgemeinen Verhalten in mehrere Gattungen einteilen.

Schwimmente

Schwimmenten gründeln, das heißt sie nehmen ihre Nahrung im flachen Wasser auf und tauchen nur mit Kopf und Hals unter, außerdem stehen sie fast senkrecht von der Wasseroberfläche auf.
Beispiele: Stockente, Löffelente, Spießente, Schnatterente, Moschusente, Knäkente, Krickente, Marmelente, Blauflügelente.

Tauchente

Im Gegensatz zu den Schwimmenten tauchen die Tauchenten zur Nahrungsaufnahme vollständig ab. Vor dem Aufstehen nehmen sie zudem eine gewisse Strecke auf der Wasseroberfläche „Anlauf".
Beispiele: Tafelente, Reiherente, Bergente, Ringschnabelente, Kolbenente, Schellente, Samtente, Trauerente.

Erpel der Spießente.

Graugänse.

Graugans
Die Graugänse gehören ebenfalls zur Familie der Entenvögel. Sie sind allerdings deutlich größer als Enten und besitzen einen sehr langen Hals. Meistens sammeln sie sich in großen Scharen, deren Rufe dann eine beachtliche Lautstärke erreichen können. Ihre Nahrung suchen sie fast ausschließlich an Land, Wasserflächen nutzen sie als Ruheplatz und Fluchtmöglichkeit.
Beispiele: Graugans, Bläßgans, Kurzschnabelgans, Schneegans, Saatgans, Zwerggans.

Meergans
Die Meergänse sind den Graugänsen sehr ähnlich, jedoch von geringerer Größe. Auch im Hinblick auf ihre Lebensweise und den Nahrungserwerb bestehen kaum Unterschiede zu den Graugänsen.
Beispiele: Kanadagans, Ringelgans, Weißwangengans, Rothalsgans.

Säger
Säger besitzen als einzige Entenvögel keinen flachen, sondern einen schmalen und recht langen Schnabel. Sie tauchen zur Nahrungsaufnahme unter und nehmen meist Fische auf.
Beispiele: Gänsesäger, Mittelsäger, Zwergsäger.

LEBENSRAUM
Entenvögel brauchen Wasserflächen. Dabei kann es sich um einen einfachen Tümpel, das offene Meer, einen Fluß

Gänsesäger-Männchen.

Wenn die Gewässer in Kälteperioden zufrieren, müssen Enten (hier Stockenten) oft in wärmere Gebiete ausweichen.

oder einen Weiher handeln. An diesen Plätzen finden sie ein optimales Nahrungsangebot. Beim Äsen filtern sie mit dem Schnabel die von ihnen bevorzugten Pflanzen und das Plankton aus Wasser und Schlamm heraus. Aus diesem Grund wählen insbesondere die Schwimmenten flache Gewässer als Äsungsstellen. Tauchenten bevorzugen tiefere Gewässer. Letztere werden außerhalb der Äsungsphasen von allen Enten gerne aufgesucht (Meer, große Seen, Flüsse, usw.) Sie dienen ihnen dann als Ruheplatz, an dem die Nahrung verdaut wird. Während der Ruhephase bieten diese Plätze weit ab von der Küste oder den Ufern außerdem Schutz vor unliebsamen Überraschungen. Aber selbst im Schlaf haben Enten immer „ein Auge offen"!

Gänse bevorzugen eher festen Boden als Lebensraum, liegen aber auch gerne auf dem Wasser. Den Großteil ihrer Nahrung, Gräser und Körner, suchen sie jedoch an Land. Auf das Wasser ziehen sie

Stockenten vermehren sich rasch. In vielen Ländern Europas leben große Populationen.

DIE ENTEN UND GÄNSE NORDAMERIKAS UND EUROPAS

Die am häufigsten vorkommenden Enten- und Gänsearten.

Die in Skandinavien sehr verbreitete Weißwangen- oder Nonnengans ist deutlich kleiner als die mit ihr verwandte Kanadagans.

Stockente *(Anas platyrhynchos)*
Löffelente *(Anas clypeata)*
Spießente *(Anas acuta)*
Schnatterente *(Anas strepera)*
Pfeifente *(Anas penelope)*
Nordamerikanische Pfeifente *(Anas americana)*
Moschusente *(Cairina moschata)*
Knäkente *(Anas querquedula)*
Krickente *(Anas crecca)*
Blauflügelente *(Anas discors)*
Zimtente *(Anas cyanoptera)*
Marmelente *(Marmaronetta angustirostris)*
Brandgans *(Tadorna tadorna)*
Rostgans *(Tadorna ferruginea)*
Reiherente *(Aythya fuligula)*
Tafelente *(Aythya ferina)*
Bergente *(Aythya marila)*
Moorente *(Aythya nyroca)*
Ringschnabelente *(Aythya collaris)*
Rotkopfente *(Aythya americana)*
Veilchenente *(Aythya affinis)*
Kolbenente *(Netta ruffina)*
Schellente *(Bucephala clangula)*
Kragenente *(Histrionicus histrionicus)*
Samtente *(Melanitta fusca)*
Trauerente *(Melanitta nigra)*
Eiderente *(Somateria mollissima)*

Graugans *(Anser anser)*
Bläßgans *(Anser albifrons)*
Schneegans *(Anser caerulescens)*
Saatgans *(Anser fabalis)*
Zwerggans *(Anser erythropus)*
Kurzschnabelgans *(Anser fabalis brachyrhyncus)*
Kanadagans *(Branta canadensis)*
Weißwangengans *(Branta leucopsis)*
Ringelgans *(Branta bernicla)*

Erpel der Stockente

Kanadagans

sich in der Regel zum Ausruhen und zur Gefiederpflege zurück.

Übergangszonen zwischen Meer und Salzsümpfen sowie flache Gewässer ziehen vor allem Schwimmenten an.

Ruhezonen und Nahrungserwerb

Viele Enten und Gänse nehmen ihre Nahrung vor allem nachts auf, was die Nahrungsaufnahme am Tage natürlich nicht ausschließt. Der Tagesrhythmus dieser Vögel ist vor allem durch den Wechsel zwischen Ruhezone und Äsungsstelle geprägt. Ruhezonen sind oft weitläufige Gebiete (große Wasserflächen, offenes Meer, unzugängliche Flußarme, Vogelschutzgebiete usw.), die ausreichend Schutz vor Gefahren bieten und wo die Tiere möglichst ungestört sind. Bei Einbruch der Dunkelheit verläßt der Großteil der Vögel die Ruhezone und sucht im Schutz der Dämmerung die Äsungsstellen auf. Hierbei kann es sich durchaus um Gebiete handeln, die tagsüber eine große Störungsfrequenz aufweisen. Den größten Teil der Nacht verbringen die Tiere mit der Nahrungsaufnahme und wechseln dabei oft die Äsungsplätze. Ihre Rufe sind prägnant und meist schon von weitem zu hören. Kurz vor Tagesanbruch kehren die meisten Vögel wieder zu ihrem Ruheplatz zurück. Einige nur bleiben an den Äsungsplätzen, was jedoch stark von der Intensität der Störung abhängt. Überwiegend ziehen sich Enten tagsüber in undurchdringliches Schilfgebüsch, unter die Ufervegetation oder auf einen ruhig gelegenen Weiher zurück.

Schwimmenten brauchen eine reichhaltige Wasserflora.

Gänse verhalten sich sehr ähnlich wie Enten. Manchmal warten sie die völlige Dunkelheit ab, um sich dann zu den Äsungsstellen zu begeben.

Die große Vorsicht dieser empfindlichen Vögel ist nicht unbegründet: Auf den aufgesuchten Feuchtwiesen, Feldern und niedrig bewachsenen Flächen herrscht tagsüber ein reges Treiben. Dieses zwingt sie oft zur Flucht und führt damit bei den Tieren zu Energieverlusten.

Enten und Gänse

Kanadagans

VERHALTEN

Wer sich schon einmal einer Ente oder einer Gans in freier Wildbahn nähern wollte – auch wenn er sich nicht auf der Pirsch befand –, weiß von ihrer Wachsamkeit zu berichten. Gehör und Augen und manchmal sogar der Geruchssinn sind bei diesen Tieren außerordentlich gut entwickelt. Selbst auf große Entfernungen nehmen sie die kleinste Bewegung und das leiseste Geräusch wahr. Je stärker ein Ort bejagt wird, desto schwieriger ist es, die Vögel zu überlisten. Einige Entenarten (vor allem Stokkenten) legen ein geradezu „intelligentes" Verhalten an den Tag – oder besitzen zumindest sehr ausgeprägte Instinkte. Sehr schnell unterscheiden sie zwischen Gebieten mit hohem Jagddruck und Rückzugsgebieten und passen ihr Verhalten an die jeweilige Situation an.

BRUTPFLEGE

Die meisten Gänse- und Entenarten nisten am Boden oder dicht über der Wasserfläche. Das Gelege ist daher vielen Gefahren ausgesetzt (Raubtiere, Überflutung usw.) Die Jungen, in der Regel Nestflüchter, lernen unter der Aufsicht der Mutter allerdings schon bald den Lebensraum Wasser kennen.
Nach frühzeitigem Verlust des Geleges oder der Brut erfolgt bei fast allen Arten eine Nachbrut.

DAS BEJAGEN VON ENTEN UND GÄNSEN

Der Strich

Angesichts des Biorhythmus von Enten und Gänsen ist die Bejagung auf dem Strich die angemessenste Methode.

DIE LANDESÜBLICHEN VORSCHRIFTEN BEACHTEN!

Die Liste der zur Jagd freigegebenen Enten oder Gänse variiert von Land zu Land, ebenso die der teilweise oder völlig geschützten Arten. In Frankreich gilt dies insbesondere für die Meergänse. Sie stehen unter absolutem Schutz. In Nordamerika, Osteuropa oder Skandinavien dürfen einige Arten hingegen bejagt werden. Auch die Jagdzeit ist für viele unter ihnen auf genau festgelegte Zeiten beschränkt. Sie sollten sich daher immer genau über die jeweils geltenden Vorschriften informieren. Die Gesetzgebung hat sich in den letzten Jahren immer wieder geändert.

Während der Dämmerung sind die Enten am aktivsten.

Hierzu setzt sich der Jäger in der Morgen- oder der Abenddämmerung entlang der Streichwege an.

Für den Wasservogeljäger ist der Gänsezug ein besonderes Ereignis.

Der erfahrene Jäger an seinem Stand vor Einbruch der Dämmerung.

Im allgemeinen wählt man seinen Stand längs der Strichbahnen zwischen den nächtlichen Äsungsstellen und den Ruhegebieten – zumindest in der Theorie. In der Praxis sieht das zuweilen ganz anders aus!

Tatsächlich fallen die Vögel weder an irgendeiner Stelle ein, noch wählen sie irgendeine beliebige Route dorthin aus. Natürlich kann man sich auch hinter den erstbesten Schilfbusch stellen und darauf hoffen, daß einige Enten in Schußweite vorbei-streichen. Manchmal beschert einem dieses Vorgehen auch einen Zufallserfolg, für die effektive Entenjagd gibt es aber bessere Methoden!

Der Abendstrich

Für den Abendstrich ist es sinnvoll, die Erfahrungen aus

Der Schuß auf schnell streichende Enten beim Strich will geübt sein!

vorangegangenen Jagden zu nutzen oder interessante Uferzonen und Sumpfgebiete vorher bei einem Besuch zu erkunden. Auf diese Weise kann man leicht die letzten Einfallplätze der Vögel ausmachen.

Bei niedrigem Wasserstand erkennt man unschwer, wo die Vögel den Schlamm und die Gräser nach Nahrung durchsucht haben. Oft finden sich Federn, da Enten und Gänse regelmäßig ihr Gefieder putzen. Beim Abendstrich sollte daher der Ansitz entweder in der Nähe solcher Stellen oder entlang der Strichrouten zwischen Äsungsgründen und Ruhezonen gewählt werden. Für Gänse sitzt man am besten zwischen der Ruhezone und einem Maisfeld oder einer sehr feuchten Wiese an.

Der Morgenstrich

Man könnte annehmen, für den Morgenstrich gelte das gleiche wie für den Abendstrich – tatsächlich hängt dies jedoch von einer ganzen Reihe unterschiedlicher Faktoren ab. Wenn der Ansitz während des Abendstrichs erfolgreich war, das heißt, wenn man mehrere Schüsse antragen konnte, ist die Wahrscheinlichkeit recht groß, daß an diesem Ort für den Rest der Nacht keine Vögel mehr auftauchen. Auch am Morgen wird vermutlich kein Vogel aufstehen

DEN WIND BEACHTEN

Enten verbringen einen Großteil des Tages auf dem Wasser und reagieren daher sehr empfindlich auf Wind. Die Wellen behindern sie beim Schwimmen, und die Geräusche der Ufervegetation sorgen für ständige Alarmbereitschaft. Bei heftigem Wind werden die Vögel äußerst unruhig, fliegen in alle Richtungen, lassen sich auf geschützten Wasserbereichen oder Flußarmen nieder, stehen in Schofs völlig überraschend wieder auf und kommen wieder zurück. Viele Jäger wissen davon ein Lied zu singen. An solchen Tagen kostet der Ansitz viel mehr Zeit als sonst. Das gilt für die Such- und Stöberjagd ebenso wie für den auf dem Strich anstehenden Jäger. Bei solchem Wetter sind die Vögel die meiste Zeit in der Luft, zumindest aber weitaus länger als üblich! Nicht von ungefähr lautet ein Sprichwort: Wenn der Wind jagt, soll der Jäger nicht jagen!

An windigen Tagen versprechen geschützte und von Bäumen umstandene Weiher selbst tagsüber Erfolg.

und die Geduld des Jägers belohnen. Es ist daher von Vorteil, mehrere Äsungsstellen auszukundschaften und an Orten anzusitzen, die zwischen diesen ungestörten Stellen und der Ruhezone liegen. Wer eine große Schar an einem bisher nicht bejagten Ort hört, kann seinen Ansitz bei ihrer Rückkehr zu den Ruhezonen am folgenden Morgen besser wählen.

Der Schuß
Beim Abend- wie beim Morgenstrich kann es vorkommen, daß die Vögel sehr tief vor dem Ansitz auftauchen und dann plötzlich ganz in der Nähe einfallen. Manchmal hört man zwar den Einfall der Vögel auf dem Wasser sehr genau, kann aber nichts erkennen. In diesem Fall sollte man sich möglichst tief bücken und die schwache Lichtreflexion auf der Wasseroberfläche ausnutzen. So kann man die von dem Vogel verursachte Wasserbewegung erkennen und auf die Spitze des auf dem Wasser gebildeten „Vs" zielen. In Deutschland gilt der Schuß auf schwimmende Enten jedoch als unwaidmännisch. Für den Schuß während des Strichs in der Dunkelheit liegt eine gute Schußentfernung bei weniger als 25 bis 30 m vor, das heißt wenn man die Umrisse des Vogels im Dunkeln erkennen kann. Waffen mit zu enger Chokebohrung sind nicht angezeigt, da man im Halbdunkel seinen Schuß nur ungenau führen kann. Im Gegensatz dazu bietet die Jagd während des Morgenstrichs beim ersten Tageslicht oft die Gelegenheit, die Vögel auf eine Entfernung von ca. 40 m anzuvisieren. In diesem Fall sollten Sie eine eng gebohrte Waffe wählen, damit ein gutes Zusammenhalten der Schrotgarbe gewährleistet ist. Kurz, die perfekte Waffe für die Entenjagd gibt es nicht!

Wie alle anderen Jagdmethoden erfordert auch die Jagd auf Wasserwild eine angemessene Ausrüstung.

Waffen und Munition
Eine doppelläufige Flinte (mit 1/2- oder 1/1-Choke) oder eine halbautomatische Flinte (3/4-Chokebohrung) ist ein akzeptabler Kompromiß. Halbautomatische oder besser Selbstladewaffen dürfen in Deutschland nur eine Magazinkapazität von 2 Patronen besitzen. Die Munition wählt man am besten nach Jagdzeit und zu jagender Art aus. Schrotgröße Nr. 5 (3,0 mm) ist auf Enten fast immer die richtige Wahl. Wird erfahrungsgemäß auf recht kurze Distanzen geschossen, empfehlen sich 2,5 mm Schrote, die eine höhere Deckung der Garbe gewährleisten.
Für Gänse sind stärkere Schrote der Nr. 3 (3,5 mm) oder sogar 1 (4,0 mm) erforderlich.

Hund
Der Anstand auf dem Strich ist ohne einen gut abgeführten Apportierhund ein sehr

In einem Schilfgebüsch versteckt, setzt der Jäger die Lockpfeife häufig sehr erfolgreich ein.

gewagtes Unterfangen, bei dem mitunter zu viel Wild verlorengeht. Sehr gut geeignet sind etwa der Labrador, der Golden Retriever oder der Flat Coat Retriever sowie jeder andere im Bringen aus tiefem Wasser ausgebildete Jagdhund. Die Hunde müssen die toten Tiere apportieren und verletzte Tiere nachsuchen. Häufig bei der Wasserarbeit eingesetzte kurzhaarige Vorstehhunde, Setter und Spaniel erkranken allerdings der Erfahrung nach frühzeitig an Rheuma.

Hüttenjagd

Bei der Hüttenjagd sitzt der Jäger in einer Erdhütte oder einem verblendeten Schirm auf das Wasserwild an, jedoch nicht auf dem Strich. Erdhütten sind oft gut ausgebaut, mitunter sogar komfortabel eingerichtet, da man nicht nur während der Morgen- bzw. Abendstunden ansitzt, sondern einen Großteil des Tages oder sogar eine ganze Nacht über in ihnen verbringt – zumindest dort, wo diese Jagdpraxis zulässig ist. Der Unterstand am Ufer einer Wasserfläche oder am Rand eines Sumpfgebietes soll dabei unauffällig und gut getarnt sein. Durch schmale Sichtfenster lassen sich Einfall und Aufstehen der Vögel beobachten.

Bei dieser Art der Jagd können auch Lockpfeifen verwendet und lebende Lockvögel eingesetzt werden, welche man in ausreichendem Abstand zum Schirm plaziert. In Deutschland ist die Jagd mit lebenden Lockvögeln aus tierschutzrechtlichen Gründen aller-

Die oft komfortablen Erdhütten haben schmale Fenster, durch die man das Gelände überblicken kann.

Enten und Gänse

Der erfahrene Jäger läßt die ersten Enten unbehelligt einfallen: Denn hier ist nun mit weiteren Vögeln zu rechnen.

Einige dieser künstlichen Lockvögel sehen zu unnatürlich aus und könnten auf Artgenossen eher abschreckend wirken.

dings schon lange verboten.
Die Jagd aus dem Schirm verlangt häufig viel Geduld und „Sitzfleisch".

Künstliche Lockvögel
Enten besitzen äußerst scharfe Augen und erkennen ihre auf dem Wasser ruhenden Artgenossen bereits aus großer Entfernung. Als gesellige Tiere wiegen sie sich durch die Anwesenheit anderer Vögel in Sicherheit und fallen im allgemeinen ganz in der Nähe ein. Auf diesem Verhalten baut eine schon sehr alte Jagdmethode auf, bei der künstliche Lockvögel in der Nähe des Unterstandes auf dem Wasser plaziert werden. Es handelt sich dabei um Entenattrappen, die den im jeweiligen Jagdgebiet häufig vorkommenden Arten mehr oder weniger ähneln und von machen Jägern in liebevoller Handarbeit selbst hergestellt werden. Früher waren diese Lockvögel aus Holz gearbeitet, heute sind sie industriell aus Plastik gefertigt. An einem kleinen Ring kann mit einer Schnur ein Blei befestigt und die Attrappe so am gewünschten Ort ausgebracht werden. Wind und Wellen können jedoch weiterhin ihre Position verändern. Einige Attrappen sind in Farbe und Form getreue Nachbildungen einer Art, andere sind eher vage Kopien oder weisen kaum noch Ähnlichkeiten auf.
Dabei ist ihr natürliches Aussehen von großer Bedeutung.

Lebende Lockvögel
Um die Anziehungskraft der Lockvögel zu verstärken, setzen manche Jäger auch lebende Exemplare ein. Vor allem ihr Ruf zieht andere Enten an. Als Lockvögel eignen sich am besten weibliche Exemplare. Eine Ente mit verlockender Stimme kann selbst eine entfernt streichende Schar dazu veranlassen, in ihrer Nähe einzufallen. Diese Praxis ist einigen Ländern, so auch in Deutschland, aus naheliegenden Gründen verboten. Auch das Halten der Vögel in Gefangenschaft unterliegt in

Der Drahthaar eignet sich sehr gut für die Entenjagd.

Bei der Jagd mit dem Kahn kann man so manche Ente im Ufergebüsch entdecken.

den einzelnen Ländern unterschiedlichen Bestimmungen. Eine andere Art des Einsatzes von lebenden Lockvögeln besteht darin, diese frei fliegen zu lassen. Sind diese Tiere wirklich vollständig domestiziert, kann es sein, daß sie Artgenossen in die Nähe des zuvor gewählten Ansitzes leiten.

Der Schuß

Meist wird der Schuß aus großer Entfernung abgegeben. Und da die Jagd von einem festen Anstand aus erfolgt, sollte man für Distanzen von 35-40 m ausgerüstet sein. Geeignet ist eine Flinte des Kalibers 12 mit 1/2- oder 3/4-Choke im weiteren Lauf und Vollchoke im engeren Lauf. Das klassische „Entenschrot" ist die Nr. 5 (3,0 mm); Nr. 7 (2,5 mm) leistet auch gute Dienste. Für Gänse kommen hingegen Nr. 3 (3,5 mm) und sogar Nr. 1 (4,0 mm) in Frage.

Die Pirsch

Unter diesem Oberbegriff versteht man verschiedene Möglichkeiten des Anschleichens bis auf eine geeignete Schußentfernung. Die oft sehr mühselige Pirsch zu Fuß endet meist mit wiederholten Mißerfolgen. Die Pirsch im Wasser ist zwar ebenfalls problematisch, liefert aber bessere Ergebnisse.

Im Kahn...

Auf einem Fluß kann man sich mittels eines mit Zweigen oder Binsen getarnten Bootes in Richtung der Einfallstelle treiben lassen. In Nordeuropa, aber auch in Südwestfrankreich nähert man sich den auf dem Meer liegenden Vögeln mittels

Mit der Strömung treibend kann man sich den Wasservögeln auch im Boot nähern. Hier mangelt es allerdings an der notwendigen Deckung.

eines kajakähnlichen Bootes. Der Schuß muß von einer sehr flachen und ausgestreckten Position aus angetragen werden.

...und mit Pferd!
In Frankreich gibt es eine Tradition, die sich die Tatsache zunutze macht, daß Wild sich Vieh gegenüber niemals mißtrauisch zeigt. Hier nähert man sich Gänsen mit einem Pferd. Der Jäger läuft dabei direkt hinter seinem Pferd und hält es an, wenn er in Schußweite ist. Selbstverständlich muß das Pferd für diese Aufgabe dressiert und schußfest sein! Manche Jäger tragen auch zu zweit lebensgroße Pferdeattrappen aus Holz vor sich her und gelangen so in die Nähe der Vögel. All diese Vorgehensweisen stellen jedoch keine üblichen Jagdtechniken dar und werden nur von wenigen, in der Methode erfahrenen Jägern betrieben.

Suche, Buschieren und Stöbern
Diese Jagdarten eignen sich nur für Enten, da sich Gänse

Am Beginn der Saison kann man mit dem Vorstehhund eine gute Strecke von Jungenten erlegen (hier Stockenten).

nie in unübersichtlicher Dekkung aufhalten. Gut stöbernde bzw. buschierende Hunde suchen die Schilfbestände ab und machen die Enten hoch. Das Stöbern ist unter diesen Bedingungen äußerst kräftezehrend und verlangt von den Hunden eine gute Kondition.

In manchen Ländern beginnt die Jagdsaison auf Enten schon im Sommer. Dort werden bei der Stöberjagd vor allem bereits flugfähige einjährige Enten erlegt.

In wildbiologischer Hinsicht ist dies jedoch wenig sinnvoll, da zahlreiche Enten noch in der Mauser und damit flugunfähig sind. Diese Vögel werden dabei ganz massiv gestreßt.

Die oft ermüdende Jagd zu Fuß setzt eine gute Revierkenntnis voraus.

Der richtige Augenblick

In jedem Fall wird der Jäger, der sein Revier kennt und alle Besonderheiten zu seinen Gunsten zu nutzen weiß, auch bei dieser Praxis sein Ergebnis verbessern können. Außerdem wird er sich in unauffälliger Kleidung und so lautlos wie möglich durch den dichten Pflanzenbewuchs bewegen. Nähert er sich dem aussichtsreichen Ort, was immer bei günstigem Wind und mit größter Vorsicht geschehen soll, darf er sich keineswegs von dem plötzlichen und oft geräuschvollem Aufstehen der Tiere ablenken lassen und muss die ganze Zeit über konzentriert bleiben. In den meisten Fällen ist ein Hund für das Apportieren aus dem Wasser nötig,

Die Suchjagd und das Buschieren entlang von Wasserläufen hält oft Überraschungen bereit.

Enten und Gänse

Beim Stöbern muß der Jäger immer schußbereit sein.

und es versteht sich von selbst, daß dieser sehr gut gearbeitet sein muss, das heißt die ganze Jagd korrekt frei bei Fuß geht.

JAGDGEBIETE

Rumänien

Der Osten Rumäniens bildet mit seiner Nähe zum Schwarzen Meer und dem Donaudelta eines der bevorzugten Durchzugs- und Brutgebiete der Enten. Für den Vogelzug ab Oktober ist er eine der wichtigsten Zugstrecken. In den Ebenen zwischen Bukarest und der bulgarischen Grenze trifft man dann eine große Zahl von Enten an.

Rußland

Im Süden Rußlands bildet die Wolga an der Mündung in das Kaspische Meer ein gigantisches Delta, ein wahres Labyrinth mit Wasserflächen und Überschwemmungsgebieten, die sich über Tausende von Hektaren erstrecken. Ab September überfliegen die aus allen Teilen Rußlands (vor allem aus Sibirien) kommenden Vögel dieses Gebiet oder machen hier Rast. Ein einziger Flug kann dabei aus Dutzenden unterschiedlicher Arten bestehen!

In der kalten Jahreszeit halten sich Enten beinahe ausschließlich an fließenden Gewässern auf.

Wer keinen guten Apportierhund besitzt, ist in jedem Fall auf einen Kahn angewiesen.

Irland

Irland besitzt zahlreiche, ausgewiesene Ruhezonen wie die Seen Lake Derg, Ree, Mask, Corrib, Erne oder den Shannon. Darüber hinaus liegen über das Land verstreut aber noch Zehntausende von Weihern, Feuchtwiesen sowie zahllose Moorgebiete. Vor allem zwischen September und November fallen hier Tausende von Enten ein, insbesondere Krickenten.

Kanada

Riesige Feuchtgebiete machen Kanada zur Heimat einer großen Zahl unterschiedlicher Arten, die sich ab Ende August in sehr großen Scharen zusammenfinden. Quebec ist mit seinen kleinen Seen der Tundra und den Feuchtwiesen ein bevorzugter Rastplatz der Gänse. Das gilt auch für den mehrere hundert Kilometer langen St.-Lorenz-Strom, auf dem eine große Zahl von Meerenten, wie zum Beispiel die Eiderente, lebt.

Frankreich

Mit seiner abwechslungsreichen Geographie und Vielfalt an Biotopen mangelt es Frankreich keineswegs an Wasservogel-Paradiesen. Zu nennen wären die Sumpfgebiete im Poitou, die „Tausend“ Seen der Dombes im Nordosten von Lyon, das Bassin von Arcachon oder die Camargue.

In allen Ländern verspricht die Bejagung der Enten auf dem Strich die größten Aussichten auf Erfolg.

Bekassinen

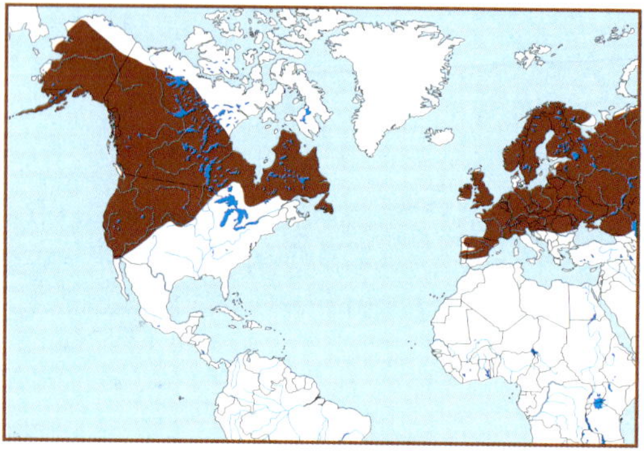

LAT. BEZEICHNUNG:
Gallinago gallinago

Die Jagd auf Bekassinen ist nicht leicht und daher Quelle vielen Jägerlateins. Der Kopf dieses Vogels ist dem der Waldschnepfe sehr ähnlich. Die Gemeine Bekassine bevorzugt feuchte Lebensräume, zum Beispiel Sümpfe. Daher wird sie auch Sumpfschnepfe oder wegen ihrer charakteristischen Balzfluggeräusche „Himmelsziege"genannt. In zahlreichen Ländern gern bejagt, unterliegt die Bekassine in Deutschland seit 1976 nicht mehr dem Jagdrecht und ist geschützt.

BESCHREIBUNG

Der länglich wirkende Körper der Bekassine wird von ihrem sehr langen Schnabel, dem Stecher, noch betont. Sie sieht aus wie eine kleine Waldschnepfe und hat auf dem schwarz und rotbraun gezeichneten Rücken gelb-

Unter den Watvögeln zählen die Bekassinen in vielen Ländern zum beliebtesten Federwild.

Die Uferränder von Weihern bilden mit ihrem niedrigen Grasbewuchs ideale Lebensbedingungen für Bekassinen.

liche Streifen. Die Bauchseite ist sehr hell, die rötlich-gelbe Oberseite des Stoßes weist einen schmalen weißen Saum auf. Die Bekassine steht sehr schnell auf und geht dann in einen Zickzackflug über, der von charakteristischen „Rätsch"-Lauten begleitet wird. Typisch ist auch das „mekkernde" Geräusch, das sie während der Balz im Herabgleiten mit den abgespreizten äußeren Stoßfedern erzeugt. Ihr Flug ist aufgrund der großen und spitzen Flügel schnell und elegant. Trotz ihrer geringen Größe ist sie ein ausdauernder Zugvogel, der von Rußland bis nach Spanien oder von Skandinavien bis nach Afrika zieht. Wie die meisten Schnepfenvögel nisten auch die Bekassinen am Boden. Ohne ihre perfekte Tarnung wären die Jungen allerdings eine leichte Beute, da sie erst nach fünf bis sechs Wochen flugfähig sind.

Das Einfallen von Bekassinen wird stark von der Wasserhöhe bestimmt. Die Vögel müssen sich mit den Ständern im Wasser fortbewegen können.

LEBENSRAUM

Bekassinen leben stets in der Nähe von Wasserflächen wie Flußufern, Teichrändern, naßfeuchten Wiesen, Sümpfen, Entwässerungsgräben, kleinen Rinnsalen usw. Solange diese Orte Würmer, Larven und kleine Insekten aufweisen, werden sie von Bekassinen gerne aufgesucht. Allerdings darf die Wasserhöhe 3-4 cm nicht übersteigen, damit der Vogel ungehindert laufen und mit seinem Schnabel im Boden nach Nahrung suchen kann. Obwohl die höchste Bekassinendichte in ausgedehnten Sumpfgebieten herrscht, erstrecken sich die Vorkommen meist auf weit auseinanderliegende Gebiete. In der Zugzeit fallen die Bekassi-

nen an jedem halbwegs geeigneten Ort ein, selbst in Hochmooren, auf überschwemmten Wiesen, an Bergbächen oder anderen ruhigen Stellen – dann jedoch meist nur in geringer Zahl.
Ansonsten zeigt sich die Bekassine bei der Auswahl des Einfallortes sehr wählerisch. Eine Gemeinsamkeit weisen alle diese Plätze auf: die Anwesenheit von Vieh, etwa von Pferden, Stieren oder Schafen.
Wahrscheinlich kontrollieren die Vögel deren Trittspuren auf Nahrungstierchen. Im übrigen versprechen wohl auch die Exkremente des Viehs reiche und leichte Beute in Form von Insekten und Larven. In jedem Fall sind Bekassinen regelmäßig in der Nähe von weidenden Tieren anzutreffen.

Viehbestand sorgt für die ideale Beweidung von Feuchtgebieten – und zieht zudem Bekassinen an!

VERHALTEN

Die Bekassine sucht ihre Nahrung mit ihrem Stecher im Boden. Lange Frostperioden wirken sich für diese Vögel oft katastrophal aus. Ihre einzige Überlebenschance besteht dann darin, andere, freundlichere Gegenden aufzusuchen. Dies tun sie auch, sofern die Ausweichgebiete nicht zu weit entfernt sind und sich die klimatischen Verhältnisse nicht zu stark unterscheiden. Mitunter fallen sie dann auch an fließenden Gewässern ein (Rinnsale, Gräben, bei hohen Minustemperaturen Bach- oder Flußufer). Plötzlicher Frost zieht oft eine starke Dezimierung des Bestands

In der Zugzeit locken alle Formen von Feuchtzonen, so klein sie auch sein mögen, Bekassinen an.

nach sich, da ein Teil der Vögel nicht mehr ausreichend Nahrung vorfindet und stirbt. Weichen sie einmal in ungeschützte Gebiete aus, sind sie leichte Beute für Raubtiere oder auch skrupellose Jäger.

DIE JAGD AUF BEKASSINEN

Buschieren und Stöbern

Sei es in Sumpfgebieten, auf einer überschwemmten Wiese oder in einem kleinen Torfmoor, beim Stöbern oder Buschieren wird man früher oder später immer eine Bekassine hochmachen. In diesem Fall kann man kaum von einer Suche im eigentlichen Sinne sprechen, es handelt sich eher um glückliche Zufälle. Wer aber sein Revier gut kennt, nähert sich bei

WEITERE BEKASSINENARTEN

Neben der Gemeinen Bekassine oder Sumpfschnepfe, die in vielen Regionen der Welt am häufigsten vertreten ist, finden sich in Feuchtregionen noch andere Bekassinenarten. Für alle gelten jedoch beinahe identische Anforderungen an Lebensraum und Nahrung.

Zwergschnepfe

(Lymnocryptes minimus)
Die Zwergschnepfe ist nur ungefähr halb so groß wie die verwandte Sumpfschnepfe. Sie besitzt in etwa die gleiche Färbung, ihr Stecher ist jedoch rund 3 cm kürzer. Ihr Flug ist weniger schnell und geradliniger. Die Zwergschnepfe steht in der Regel „stumm" auf, und meist erst dann, wenn man beinahe mit dem Fuß auf sie tritt! Sie ist oft in direkter Nachbarschaft anderer Bekassinen anzutreffen.

Zwergschnepfe.

Doppelschnepfe

(Gallinago media)
Die Doppelschnepfe ähnelt stark der Sumpfschnepfe, sie ist nur etwas größer als ihre Verwandte. Am Boden kann man die beiden nur mit sehr viel Erfahrung unterscheiden. Das Flugbild der Doppelschnepfe zeigt allerdings deutlich breitere weiße Säume am Stoß als das der Zwergschnepfe. Die Doppelschnepfe ist die seltenste Bekassinenart.

GEEIGNETE HUNDE FÜR DIE BEKASSINENJAGD

In dieser Frage gehen die Meinungen zwischen den Besitzern von britischen Rassehunden und den Liebhabern kontinentaler Rassen weit auseinander. Theoretisch arbeitet jeder passionierte und oft auf Bekassinen eingesetzte Jagdhund unabhängig von seiner Rasse gut. Allerdings zeigt die Praxis, daß sich die britischen Rassen für diese Aufgabe etwas besser eignen. Dabei kommt ihnen ihr guter Geruchssinn zugute, aber auch ihre hohe Bereitschaft, selbständig einzuspringen, um den Vogel in idealer Schußentfernung zum Jäger herauszustoßen. Seit einigen Jahren zeigen die bretonischen Vorstehhunde, die eine gehörige Portion englisches Blut führen, ähnliche Eigenschaften, und viele dieser Hunde liefern bei der Jagd auf Bekassinen sehr gute Ergebnisse. Außerdem besitzen sie eine ausgeprägte Bringfreude, was sich besonders in Sumpfgebieten sehr vorteilhaft auswirkt. Ein Hund, der eine genaue Vorstellung vom Lager des Vogels und dem einzuhaltenden Sicherheitsabstand besitzt, wird seinem Jäger immer viel Jagdglück bescheren.

günstigen Windverhältnissen wachsamen Auges zu allererst natürlich den erfolgversprechenden Zonen. Allerdings wird man bei dieser Jagd ohne einen das Wild frühzeitig anzeigenden Hund beinahe immer von dem plötzlichen Aufstehen der Vögel überrascht werden. Der Schuß muß wegen der Schnelligkeit des Ziels instinktiv erfolgen und entsprechend weit vorgehalten werden. Die Jagd auf Bekassinen kann auch zu fünft oder sechst erfolgen, wenn man ausreichenden Abstand einhält, so daß jeder Jäger die Möglichkeit zum Schuß hat. Dabei muß man aber mit größter Vorsicht vorgehen, da der Schuß meist sehr tief abgegeben wird! In jedem Fall ist ein gut ausgebildeter Apportierhund unerläßlich. Ohne ihn ist es beinahe unmöglich, eine erlegte Bekassine im Gebüsch oder im hohen Gras zu finden.

Die Jagd mit Vorstehhund

Liebhaber ausgedehnter, ereignisreicher Suchjagden mit gut ausgebildeten Vorstehhunden kommen bei der Bekassinenjagd auf ihre Kosten. Schließlich geben die Vögel nur eine schwache Witterung ab, stehen sehr schnell auf und halten in der Regel recht lange aus. Die Hunde müssen daher in jeder Hinsicht hervorragende Eigenschaften besitzen. Außer einer guten Nase bedarf es

auch einer intensiven und systematischen Suche, die jeden Winkel der bejagten Fläche einschließt. Speziell auf Bekassinen abgerichtete Hunde stehen nur kurz vor und springen selbständig ein, um den Vogel auf der idealen Schußentfernung zu halten. Auch hier ist das Gelingen eine Sache der Erfahrung, die sich durch einige Übung einstellt.
Trotzdem gibt es immer wieder Tage, an denen die vierbeinigen Jagdhelfer erfolglos bleiben. Doch gerade das macht den besonderen Reiz der Bekassinenjagd aus!

Der Schuß
Die Bekassine ist nicht leicht zu schießen, dennoch ist ihre Erlegung keine Hexerei. Ist der Vogel einmal vom Hund herausgestoßen, wird der Jäger je nach seinem eigenen Temperament handeln. Der instinktive Schütze wird seinen Schuß schon beim Aufstehen antragen, den Vogel aber vielleicht erst mit dem zweiten erlegen. Der geübte Jäger wird den Vogel eine gewisse Strecke streichen lassen, bevor er einen gezielteren Schuß anbringt. Aus rein ballistischer Sicht hat letzterer die besseren Chancen, da die Garbe erst in einer Entfernung von 30-40 m sehr breit streut. Deshalb empfiehlt sich für den schnelleren Schützen eine Waffe, deren erster Lauf weit gebohrt ist und stärker streut. Der andere wird hingegen eine Waffe wählen, deren Läufe auch auf größere Entfernung noch eine gute Deckung erzielen.

Die Treibjagd
Bekassinen können auch bei kleineren oder größeren Treibjagden bejagt werden. Die Schützen sitzen dabei an zuvor eingerichteten Plätzen

Beobachtet man Bekassinen bei der Nahrungssuche, wird der Vorteil des langen Stechers deutlich.

an oder verbergen sich hinter Strauchwerk oder Hecken. Die Treiber werden von Hunden begleitet und durchkämmen die Sumpfflächen und den Torf, um so viele Vögel wie möglich hochzumachen. Bei dieser Form der Jagd spielt der Wind eine sehr große Rolle, da die Vögel ihn fast immer ausnutzen. Die Treibrichtung und die Aufstellung der Schützen ist daher von besonderer Bedeutung.

Mit seinen „weichen" Zähnen eignet sich der Labrador sehr gut für das Apportieren von Bekassinen in jeder Situation.

Der Schuß

Obwohl die Treibjagd generell nicht als besonders sportlich gilt, muß man wissen, daß der Schuß auf flüchtende, schnell streichende Bekassinen nicht immer einfach ist.

Der einzige Vorteil besteht darin, daß die Vögel bei voller Geschwindigkeit nicht mehr ganz so akrobatische und schwer nachzufahrende Flugmanöver vollführen können.

Vor dem Schuß auf Bekassinen müssen Waffe wie Munition sorgfältig ausgewählt werden.

DAS PASSENDE SCHROT FÜR BEKASSINEN

Bekassinen werden aufgrund ihrer großen Schwingen leicht geflügelt. In den meisten Situationen ist man demnach mit den kleinen Größen Nr. 7 (8 und 9) gut bedient. An windigen Tagen sollte man in jedem Fall die Nr. 7 wählen, um eine ausreichende Flugstabilität der Garbe zu sichern. Obwohl die Bekassine ein eher geringes Gewicht besitzt, kann sie, außer bei direkten Treffern oder Treffern in die Flügel, durchaus von ein oder zwei Schrotkugeln getroffen werden, ohne herunterzugehen. Nur bei genauer Beobachtung der weiteren Flucht, in diesem Fall schwerfällig und ohne Manöver, kann man einen Treffer erkennen.

Die Bekassine ist recht zierlich, bei der Auswahl der Munition sind jedoch auch Wind und Entfernung zu beachten.

Die Munition
Auf die kleine Bekassine ist die Schrotgröße Nr. 7 (2,5 mm) die richtige Wahl. Bei völlig ausreichender Durchschlagskraft bietet sie eine gute Deckung.

Hunde
Für die Arbeit nach dem Schuß müssen zuverlässig apportierende Hunde zur Verfügung stehen (Labrador, Golden Retriever, Flat Coated Retriever, aber auch Vorstehhunde, die wirklich sicher bringen). Wenn die Hunde erst nach Abschluß der Treibjagd eingesetzt werden sollen, müssen sich die Schützen die Positionen der erlegten Vögel für die Nachsuche sehr gut merken.

JAGDGEBIETE

Will ein deutscher Jäger auf Bekassinen jagen, muß er sein Heimatland verlassen, denn die Bekassine fällt in Deutschland nicht mehr unter das nach dem Bundesjagdgesetz jagdbare Wild.

Irland
Irland ist das ideale Land für die Jagd auf Bekassinen. Dank des gemäßigten und feuchten Klimas der Insel gibt es in den Torfmooren, Sümpfen und Feuchtwiesen mit angrenzenden Weihern oder entlang der Flüsse vor allem im Oktober und November immer einen großen Besatz von Bekassinen.

Ein stolzer, erfolgreicher Jäger – Bekassinenjagd im Südwesten Irlands.

auf die Bekassinen zu, die manchmal in großer Zahl vorkommen. Das Delta ist mit seinen Sümpfen und feuchten Zonen sowohl für die Jagd mit Vorstehhunden als auch für die Buschierjagd geeignet.

Der Reiz der Jagd besteht in Irland darin, daß regelmäßig auch anderes Wild (Fasane, Hasen, Schnepfen usw.) im Revier vorkommt.

Spanien

Das Ebrodelta im Süden von Barcelona ist – wie bei dem milden mediterranen Klima nicht anders zu erwarten –ein bevorzugtes Rastgebiet für Wasservögel. Viele Vögel ziehen durch diese Gegend oder verbringen sogar die Wintermonate hier. Das trifft auch

Bekassinen üben auf den Wasserwildjäger oft die gleiche Faszination aus wie Waldschnepfen auf den Niederwildjäger.

Selbst in sehr kleine Sümpfe fallen immer wieder Bekassinen ein.

Quebec

Auf den überschwemmten Wiesen, an den Flußrändern oder in den mit Seen durchzogenen Tundraebenen lebt eine große Zahl von Bekassinen, die nur wenig bejagt werden. In Quebec empfiehlt sich die Jagd mit dem Vorstehhund, vor allem im Oktober. In diesem Monat können die Hunde bei der Suche nach Bekassinen in den feuchten Gebieten der umliegenden Wäldchen auch Waldschnepfen aufspüren.

Frankreich

Ob in den Uferzonen im Norden, in den Feuchtgebieten des Rhônedeltas, den Sümpfen der Picardie oder in den Torfmooren des Zentralmassivs – viele Gegenden Frankreichs werden von Bekassinen gerne als Rastplatz oder zur Überwinterung angenommen. Die ersten Züge sind im September zu beobachten, im Oktober und November, manchmal werden erst Anfang Dezember die Höchstdichten erreicht.

Watvögel

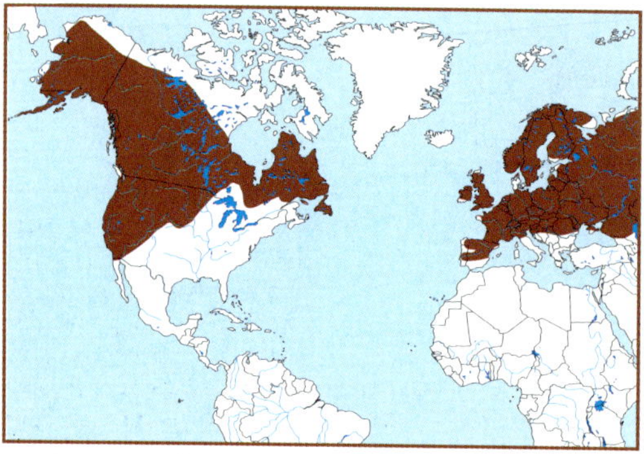

-Watvögel werden immer wieder vernachlässigt und stehen in der Rangordnung des Federwildes weit hinter den Bekassinen. Dabei bietet auch ihre Bejagung Gelegenheit zu aufregenden Jagdpartien. Sie sind eine willkommene Abwechslung.

Weitläufige Weiher mit bewachsenen Uferrändern und Schlammflächen ziehen Watvögel in großer Zahl an (hier ein Regenpfeifer).

BESCHREIBUNG

Zu den Watvögeln, die gemeinsam mit den Alken- und Möwenvögeln einer Ordnung angehören, zählen zahlreiche Familien und Gattungen, darunter die Schnepfen, die Uferschnepfen, die Stelzenläufer, die Strand- und Wasserläufer, die Austernfischer, die Regenpfeifer und die Brachvögel. Sie haben in der Regel einen schlanken Rumpf. Ihre Ständer sind gewöhnlich dünn und sehr lang. Der ebenfalls meist sehr lange Stecher ist ziemlich schmal.

Das Aussehen entspricht den Nahrungsgewohnheiten dieser Vögel und erlaubt ihnen zudem, ohne Anstrengung durch den Schlamm und das flache Wasser zu waten. Die meisten Watvögel brüten am Boden in meist nur flüchtig gebauten Nestern.

Die Jungvögel besitzen ein ausgezeichnet getarntes Gefieder und sind Nestflüchter. Die Zahl der Arten ist beinahe unüberschaubar, und selbst innerhalb einer Art können sich die Vögel stark voneinander unterscheiden.

Die meisten Watvögel brüten am Boden, so daß das Gelege durch zahlreiche Räuber gefährdet ist.

LEBENSRAUM

Eines der wesentlichen Merkmale der Watvögel (zu denen auch die Bekassinen zählen) besteht in ihrer Vorliebe für Feuchtgebiete wie Sümpfe, Flußmündungen, Uferränder oder Küsten. Solange die Höhe des Wassers ihren Bedürfnissen entspricht und sie ihre Hauptnahrung (Würmer, Larven, Weichtiere, Insekten usw.) erbeuten können, sind ihre wichtigsten Anforderungen an den Lebensraum erfüllt. Eine weitere Gemeinsamkeit der Watvögel ist ihre außerordentliche Geselligkeit. Hunderte, ja Tausende von Vögeln versammeln sich oft kurz vor der Zugperiode zu beeindruckenden Scharen.

Wie die Bekassinen sind auch die Watvögel mit Ausnahme der Waldschnepfe in Deutschland nicht jagdbar.

In manchen anderen Ländern gelten einige Watvögel jedoch als begehrtes Wasserwild. So zum Beispiel die Brachvögel, kräftige Vögel mit einem langen, nach unten gekrümmten Stecher. Sie

Bei der Jagd auf Watvögel ist ein gehorsamer und zuverlässig apportierender Hund unverzichtbar.

besitzen einen sehr charakteristischen, etwas melancholischen Ruf, sind äußerst scheu und lassen sich nur selten überraschen.
Beim Kiebitz ist das unbemerkte Anpirschen sogar nahezu ausgeschlossen.

DIE JAGD AUF WATVÖGEL

Wer außerhalb Deutschlands gerne Wasserwild jagt, wird früher oder später vielleicht einmal auf Watvögel anstehen. Die Jagd erfolgt auf unterschiedliche Art und Weise.

Suchen, Treibjagd und Strich

Wenn man aufs Geratewohl die Ufer eines großen Weihers, ein Stück Meeresküste oder überschwemmte Weiden durchstreift, wird man vor allem auf Kiebitze, Regenpfeifer, Brachvögel und andere Watvögel stoßen. Sie alle besitzen im allgemeinen sehr gute Augen und stehen recht häufig außer Schußweite auf. Deshalb vergrößern sich die Chancen, wenn mehrere Jäger dasselbe Revier bejagen und die Vögel aufeinander zutreiben.
Während der Zugzeit kann man auch auf dem Strich anstehen, am besten auf den wahrscheinlichen Flugrouten der Tiere. Sie führen meist zu Stränden und Sumpfflächen, die während dieser Zeit für die Vögel optimale Bedingungen bieten.

Brachvögel (hier mit Stockente und fünf Bekassinen) sind vielerorts ein begehrtes Wasserwild.

Die im Ausland gerne bejagten Kiebitze sammeln sich oft in Scharen von beeindruckender Größe.

BESTIMMUNG DER VÖGEL

Watvögel haben scharfe Augen. Eine gute Tarnung oder ein gutes Versteck ist daher unbedingte Voraussetzung für den Jagderfolg.

Unter den Watvögeln gibt es zahlreiche geschützte Arten. Die erste Pflicht besteht also darin, sie unterscheiden zu lernen und Fehler zu vermeiden. Beim Austernfischer mit seinem schwarz-roten Gefieder, dem Großen Brachvogel mit dem langen gebogenen Stecher oder dem Kiebitz wird dies noch leichtfallen, bei anderen Arten sind Verwechslungen jedoch möglich. Allein ausreichende Jagdpraxis und ein geschultes Auge helfen, diese zu vermeiden. Um in der Artenkenntnis sicher zu werden, sind auch einschlägige Bestimmungsbücher von Nutzen. Im Zweifel muß man – auch wenn es schwerfällt – auf den Schuß verzichten.

Lockjagd

Für eine erfolgreiche Jagd gibt es in diesem Fall kaum ein bessere Methode als den Einsatz von Lockpfeifen. Die Lockjagd erfolgt von einer Hütte oder einem vollständig von Sand, Erde oder Schlamm bedeckten Ansitz aus. Er liegt idealerweise in der Nähe der Wasserfläche, am Ufer oder im Sumpfgebiet. Zufällig verteilte Lockvögel ziehen zusätzlich den scharfen Blick der Watvögel schon von weitem auf sich und versprechen gute Erfolgsaussichten. Der Schuß kann dann aus geeigneter Entfernung und ohne Schwierigkeiten angetragen werden, wenn die Vögel schon am Boden sind.

JAGDGEBIETE

Watvögel nutzen regelmäßig in großer Zahl geeignete Feuchtgebiete und Uferzonen zur Rast. Die Chancen sind also dort relativ gut. In Frankreich sind vor allem die Küsten im Norden, die Bucht an der Sommemündung, das Mündungsgebiet der Gironde oder die Camargue beliebte Aufenthaltsorte von Watvögeln. In Spanien trifft dies auf das Ebrodelta zu. Auch die Uferzonen Irlands beherbergen Watvögel zu Tausenden. An den Küsten im Norden von Quebec, in der von kleinen Wasserflächen durchzogenen Tundra, aber auch an den Ufern des Sankt-Lorenz-Stroms trifft man mit etwas Glück auf eine unglaubliche Artenvielfalt.

Die Übergangszonen zwischen Meer und Sumpf sind die bevorzugten Aufenthaltsorte der Watvögel.

Glossar

Alttier: Hirschkuh ab dem dritten Lebensjahr (auch Tier)

Anschweißen: anschießen

Anhalten (an): zielen auf

Annehmen: angreifen

Anschuß: Standort, an dem Wild einen Treffer erhält

Ansprechen (Wild): bestimmen (Alter, Geschlecht etc.)

Anwechseln (den Jäger): Annäherung des → Schalenwildes (an den Jäger)

Apportieren: Herbeibringen von Wild

Äsen: Nahrungs- (Äsungs-) aufnahme des Wildes außer Wildschwein und Raubwild

Äser: Maul von allem Haarwild außer Wildschwein und Raubwild

Auffahren: der Hase fährt auf, wenn er sein Lager fluchtartig verläßt

Ausfahren: Fuchs, Dachs, Kaninchen fahren aus, wenn sie den Bau verlassen, der Hase fährt aus seinem Lager

Aufbaumen: auf einen Baum fliegen

Aufstehen: erheben, aufstehen, auffliegen von Wild, insbesondere Federwild

Aushalten: Wild läßt Jäger oder Hund nah herankommen, ohne zu fliehen; bei Hasen und Rebhühner auch festliegen

Bache: weibliches Wildschwein (→ Frischlingsbache, → Überläuferbache)

Bast (Haut): umhüllendes samtartiges Gewebe um Geweih/Gehörn während dessen Aufbau

Baujagd: Jagd auf Kaninchen mit Frettchen, auf Fuchs oder Dachs durch → Sprengen

Beihirsch: jüngerer Begleithirsch eines sehr alten Hirsches

Besatz: Häufigkeit des → Niederwildes in einem Jagdrevier

Blattzeit: Paarungszeit des Rehwildes

Blume: Schwanz von Feldhase und Wildkaninchen

Bock: männliches Reh

Bodenforkeln: → Forkeln

Brechen: Nahrungssuche des Wildschweins im Boden

Breit stehen: quer zum Betrachter

Brunft: Paarungszeit des → Schalenwildes außer Wildschwein

Brunftrudel: von einem Hirsch überwachtes Rudel aus weiblichen Tieren während der Paarungszeit

Buschieren: kurze Suche des Jagdhundes nach Wild in Flintenschußentfernung

Decke: Fell des Schalenwildes außer Wildschwein und Bär

Drücken: 1. regungsloses Verharren des Wildes in Deckung; 2. vorsichtiges und stilles Durchgehen der Treiber durch eine Dickung bei der Drückjagd

Durchrinnen: → rinnen

Einstand: Aufenthaltsgebiet des Wildes, vor allem → Schalenwildes

Entenschof: → Schof

Equipage: Reitermannschaft mit Hundemeute bei der Parforcejagd

Fahne: lange Haare am Schwanz (Rute) des Hundes

Fangschuß: Schuß zur Tötung von krankem Wild, meist aus der Nähe

Feisthirsch Hirsch vor der → Brunft

Festliegen: → aushalten

Festmachen: 1. Niederwild; 2 Aufenthaltsort von Raubwild oder Wildschweinen bestätigen

Feuchtblatt äußeres Geschlechtsteil des weiblichen Schalenwildes

Flüchtig sein: fliehen

Forkeln: Geweih- oder Gehörnstöße gegen einen Nebenbuhler; als Imponiergehabe auch in den Boden (Bodenforkeln)

Frischling: Wildschwein im ersten Lebensjahr

Führen: 1. (einen Hund) ausbilden und jagdlich einsetzen; 2. (eine Waffe) auf die Jagd mitnehmen

Gebräch: aufgewühlte Fraßplätze des Wildschweins

Gebrech: Maul des Wildschweins

Geflügelt: flügellahm geschossen

Gehörn: Kopfschmuck des Rehbocks

Geläuf: Spuren und Laufwege des Federwildes

Gewehre: 1. Schußwaffen; 2. → Hauer

Haderer: obere Eckzähne des männlichen Wildschweins

Haken: Eckzähne des weiblichen Wildschweins

Hauer: untere Eckzähne des männlichen Wildschweins

Haupt Kopf des Schalenwildes außer Schwarzwild

Herausstoßen Aufjagen des Wildes durch den Vorstehhund

Hetze: 1. der Hund hetzt das kranke Wild am Ende der Nachsuche; 2. ausdauerndes Hetzen von gesundem Wild, meist durch eine Hundemeute (in der BRD verboten)

Hetzjagd: → Hetze

Hochläufig: langbeinig

Hochmachen: gesundes Wild aufjagen

Hochwild: Elch, Rot-, Dam-, Gams-, Muffelwild, Wildschwein, Auerhühner, Bär (früher dem Adel vorbehaltenes Wild)

Jährling: einjähriger Rehbock

Kahlwild: weibliches Rotwild und → Kälber

Kälber: Jungwild der Hirscharten im ersten Lebensjahr

Kammer: Brustraum

Kampfruf: bestimmter → Brunftlaut des Rothirsches

Keiler: männliches Wildschwein

Kessel: Ruhelager der Wildschweinrotte

Kette: Familie bei den jagdbaren Hühnervögeln; bei Fasanen eher Gesperre

Kitz: Jungtier im ersten Lebensjahr bei Reh und Gamswild

Knören: bestimmter → Brunftlaut des Rothirsches

Kolbenhirsch: Hirsch in der Zeit des Geweihaufbaus

Kopf: 1. Kopf bei niederem Haarwild und Federwild; 2. Altersbezeichnung beim Rothirsch: vom zweiten Kopf = zweijährig (trägt zweites Geweih)

Krucken: Kopfschmuck der Gemse, hornige Teile auch ➔ Schläuche

Laborierung: Bezeichnung für die genaue Zusammensetzung einer Patrone eines bestimmten Kalibers (Pulverladung und Geschoßtyp), auch Ladung

Lagerschnepfe: am Brutort überwinternde Schnepfe

Lamm: Jungtier im ersten Lebensjahr bei den Hirscharten

Lauscher: Ohren des ➔ Schalenwildes

Laut geben: Bellen des Jaghundes, je nach Ursache mit unterschiedlichem Klang

Laut werden: ➔ Laut geben des Jagdhundes an Wild

Leithund: Hund, der bei der Elchjagd oder der Meutejagd auf Rothirsch das Wild am ➔ Riemen suchen findet

Löffel: Ohren von Feldhase und Kaninchen

Loshund: Hund, der bei der Elchjagd das Wild frei suchend findet und ➔ stellt

Losung: Kot von Wild und Hunden

Luder: totes Tier zum Anlocken von Raubwild

Mitschwingen Zielen in Bewegung mit der Flinte

Nachsuche: Suche nach verwundetem Wild

Nachziehen: langsames Nachlaufen des Vorstehhundes hinter weglaufendem Federwild

Niederläufig: kurzbeinig

Niederziehen: zu Boden bringen von krankem Schalenwild durch den Jagdhund

Orgeln: ➔ Schreien

Paß: Pfad des niederen Haarwildes, vor allem Hasen-, Fuchspaß

Pirschzeichnen: 1. Zeichen, die das Wild hinterläßt (➔ Fährte, (Losung etc.); 2. Zeichen am (Anschuß, die den Sitz der Kugel verraten (Schweiß, Haare etc.)

Rammelzeit: Paarungszeit von Feldhasen und Wildkaninchen

Rammler: Männchen des Feldhasen und Wildkaninchens

Ricke: weibliches Reh ab dem dritten Lebensjahr

Riemen: lederne Führleine des Jagdhundes

Rinnen: Schwimmen des Haarwildes

Rosen (Augen-): warziger, meist auffällig gefärbter Hautwulst über den Augen bei den Hähnen der meisten Hühnervögel

Rotte: soziale Gruppe der Wildschweine

Rufjagd: Lockjagd auf Hirsche mittels Nachahmung der arttypischen ➔ Brunftlaute

Sasse: Ruheplatz des Feldhasen

Sau: Wildschwein (Mz. Sauen, nicht Säue)

Schaf: weibliches Wildschaft

Schälen: Abziehen der Baumrinde durch Wiederkäuer (vor allem Rot- und Muffelwild), Hasenartige und Nager als Bestandteil der Äsung

Schalenwild: paarhufige Wildarten

Schlag: morphologische Einteilung von Hunderassen nach Haar (kurz-/rauhhaariger S.) oder Körpermasse (schwerer/leichter S.)

Schlagen: 1. der Hirsch schlägt mit dem Geweih; 2. die Sau schlägt (verletzt) den Hund oder Menschen mit den Hauern

Schläuche: horniger, auf dem Knochenzapfen aufsitzender Teil der Gamshörner

Schloß: 1. Teil der Waffe, mit dem Schuß ausgelöst wird; 2. Beckengürtel des Schalenwildes

Schmälen: ➔ Schrecken

Schmalreh: weibliches Reh im zweiten Lebensjahr

Schmalspießer: Rot-, Dam- oder Sikahirsch im zweiten Lebensjahr

Schmaltier: weibliches Tier der Hirscharten im zweiten Lebensjahr

Schnallen: Freilassen des Jagdhundes

Schnecken: gedrehter Kopfschmuck der Wildschafwidder

Schof: Familiengruppe der Enten und Gänse

Schonzeitwaffe: kleinkalibrige Waffe zur Jagd auf kleines Raubwild

Schrecken: ➔ Warnlaute des Rehwildes

Schreien: Lautäußerungen des Rothirsches in der Brunft zur Herausforderung von Rivalen (auch Orgeln)

Schürze: helles Haarbüschel am ➔ Feuchtblatt des weiblichen Rehwildes

Schweiß: ausgetretenes Blut des Wildes

Schweißen: Blut (➔ Schweiß) verlieren

Sekundieren: der Vorstehhund verharrt in Vorstehmanier, ohne selbst Wild zu wittern, weil ein anderer Hund in seiner Nähe vorsteht

Setzen: gebären bei Haarwild außer Raubwild (werfen oder wölfen) und Wildschweinen (frischen)

Sichtlaut: ➔ Laut werden des Jagdhundes auf Sichtkontakt zum Wild

Spiegel: hellgefärbter Fleck der ➔ Decke um den After des Schalenwildes außer Wildschwein

Sprengen: 1. Herausjagen von Fuchs oder Dachs durch Erdhunde (Terrier, Teckel) oder Kaninchen durch Frettchen aus dem Bau, 2. Herausjagen von Sauen aus dem Kessel

Sprung: Gruppe von Rehen

Spur: Trittreihe des Haarwildes, das nicht zum ➔ Schalenwild zählt

Spurlaut: ➔ Laut werden des Jagdhundes auf der frischen ➔ Spur

Spurtreu: Eigenschaft des Hundes, sich von einer Spur durch andere Spuren nicht abbringen zu lassen

Ständer: Beine des Federwildes außer Schwimmvögeln (Ruder) und Greifvögeln (Fänge)

Standlaut:: Laut des Jaghundes an Wild, das sich stellt

Glossar

Stechen: herausstoßen

Stechen: 1. Nahrungssuche der Schnepfenvögel mit dem ➔ Stecher im Boden; 2. ➔ Hochmachen von Niederwild durch den Jagdhund

Stecher: Schnabel der Schnepfelvögel

Stich: Brustkern unter dem Halsansatz beim Haarwild, vor allem Schalenwild

Stingel Hals des Federwildes, vor allem Auer- und Birkwildes

Stöberjagd: Jagd unter Einsatz von Stöberhunden, meist im Wald auf Schalenwild

Stöbern: Suchen und Aufjagen des Wildes in dichter Deckung durch den Hund ohne Sichtverbindung zum Jäger, meist im Wald

Stoß: Schwanz des Federwildes

Strecke: Gesamtheit des bei einer Gesellschaftsjagd oder in einm bestimmten Gebiet erlegten Wildes

Streichen: fliegen

Stück: das einzelne Tier beim Schalenwild

Teller: Ohr des Wildschweins

Nase, mit tiefer-: Schweißhunde, Bracken, Stöberhunde arbeiten mit tiefer Nase auf ➔ Fährte, ➔ Spur, oder ➔ Geläuf, Vorstehhunde suchen mit hoher Nase gegen den Wind

Tier: ➔ Alttier

Träger: Hals der Schalenwildarten

Trenzen: bestimmter ➔ Brunftlaut des Rotwildes

Trittsiegel: Abdruck des einzelnen ➔ Laufes

Troll: Trab des Schalenwildes

Überfallen: überspringen, nur beim Schalenwild

Überläufer: Wildschwein im zweiten Lebensjahr

Verblenden: tarnen
Verhoffen: in der Bewegung innehalten

Verleitfährte: kreuzende Fährte, die den Hund von der Arbeit auf einer bestimmten Fährte ablenken kann

Vorhalten: Schuß vor bewegte Ziele unter Einrechnung von deren Fortbewegungsgeschwindigkeit

Vorprellen: (fehlerhaftes) Hinterherspringen des Vorstehhundes hinter aufstehendem Wild

Wechseln: laufen (ziehen) von allem ➔ Schalenwild

Wechsel: Pfad, auf dem Schalenwild läuft (= zieht)

Wedel: Schwanz bei manchen Schalenwildarten außer Wildschweinen (Bürzel)

Weidsack: Magen des Wildschweins

Widder: männliches Wildschaf

Wild: dem Jagdrecht unterliegende (jagdbare) Tierarten

Winden: riechen, schnuppern, wittern

Wundfährte: Fährte verletzten Schalenwildes

Ziehen: wechseln

Zurücksetzen: Rückbildung des Geweihs/Gehörns im Alter

Register

Register

Bildnachweis

Anagnostidis/NATURE: 220-221 - **Berthon/NATURE:** 69 o., 119, 171 o., - **Berthoule/ NATURE:** 46, 92 l., 174, 238, 240 o. - **Buttin/NATURE:** 22 u., 23 u., 24, 25 u., 26, 27, 43, 52 r., 53 o.l., 55, 61 r., 71 o., 72 M., 75, 82-83, 86 o., 90 u., 93 o., 105 o., 109 u., 110 u., 110 o., 111, 113 o., 114, 115 o., 117 u., 117 o., 129 o., 176 r., 176 l., 181 o., 184 o., 185 u., 185 o., 187 u., 187 o., 195 u., 200 u., 222, 223 o., 227 o., 229, 247 u. - **Chaumeton/NATURE:** 163 o., 215 u., 215 o. - **Chèvre/NATURE:** 221 o. - **Corel:** 132-133, 136, 140, 141 u., 141 o., 144, 149, 150, 151, 154 o., 159 r. - **G. Cortay :** 165 o., 182, 183 o., 199, 203 o., 206, 207, 208, 217 u., 218 o., 241, 242-243, 242 o., 244 u., 246 o. - **Durantel/NATURE:** 69 u., 84, 94, 95, 103 u., 106, 123, 124, 166 u., 166 o., 181 u., 188, 189, 200 o., 200 M., 202 o., 217 o., 219 u., 221 u.r., 223 u., 228, 230, 231 u., 232 u., 232 o., 233 u., 237 o., 240 u., 243 o. - **Ferrero/NATURE:** 52 l., 53 u., 54, 63 u., 68, 72 u., 80 u., 125, 127 u. - **Gohier/NATURE:** 154 u., 155 u., 191 u. - **Guittard/NATURE:** 179, 231 o. - **Henry/NATURE:** 205 u. - **Huin/NATURE:** 235 o. - **Krasnodebski/NATURE:** 85, 86 u., 87 o., 88 o.l., 102, 118, 121 u., 169 u., 169 o., 175 r., 178 o., 184 u., 198 o., 210 - **La Tourette/NATURE:** 233 o. - **Labat/NATURE:** 47 o. 66 o., 89, 120 - **Lamaison/NATURE:** 212-213 - **Lanceau/NATURE:** 72 o. 80 o., 121 o., 128 u., 131 o., 134-135, 138, 139 o., 146, 147, 153 o., 156, 216 u., 218 M. - **Laval/NATURE:** 236 - **Le Gall/NATURE:** 38-39, 48 u., 48 o., 53 o.r., 60 u., 60 o., 61 l., 62, 64, 65, 66 u., 70 u., 70 o., 71 u., 73 u., 73 o., 74 u., 74 o., 76, 78, 96, 97 u., 97 o., 100 u., 100 o., 101, 104, 112 o.l., 115 u., 160-161, 162, 164, 165 u., 167, 172 u., 173 u., 175 l., 177 o., 194, 195 o., 196 u., 196 o. 197 u., 197 o., 198 u., 201, 202-203, 225 u., 225 o. 226, 227 u., 245 u., 246 u., 247 o., 103 o. - **Losange:** 128 o. - **Erich Marek:** 51 o., 63 o., 69 o., 77, 173 o., 178 u. - **Mayet/NATURE:** 105 u., 109 o., 112-113, 112 o.r., 122, 159 u., 172, 186, 191 o., 204, 214, 218 u., 220 o., 235 u., 239, 244 o. - **Meitz/NATURE:** 192, 205 o. - **NATURE:** 14 u., 14 o., 15 u., 15 o., 15 M.l., 16 o., 23 o., 25 o., 28, 29 u., 224 - **Pasquet/NATURE:** 10-11, 12, 13 r., 13 l., 15 M.r., 17 r., 17 l., 18 u., 18 o., 18 M., 19 r., 19 l., 19 M., 20, 21, 22 o., 23 M., 29 o.r., 29 o.l., 30 u., 32, 34 u., 34 o., 35 u., 35 o., 37 u., 37 o. - **Polking/NATURE:** 158 o. - **Reille/NATURE:** 130, 157 M., 190, 191 M. - **C. Rossignol:** 40, 41, 42, 44 u., 44 o., 45, 47 u., 49, 50 u., 50 o., 51 u., 56 u., 56 o., 57, 58, 59 u., 77, 79 u., 79 o., 81 - **Samba/NATURE:** 126, 127 o., 155 o., 216 o. - **Sauer/NATURE:** 152, 163 u., 170, 177 M., 180, 183 u., 209, 219 o., 234, 237 u., 245 o. - **Siegel/NATURE:** 87 u., 88 o.r., 90 o., 91, 92 r., 93 u., 98-99, 107, 108, 131 u., 157 o., 168 - **Syvertsen/NATURE:** 158 M. - **B. Thomson:** 137, 139 u., 143, 148, 153 u., 157 u., 193.